I0057672

JAHRBUCH

DER

BAYERISCHEN

AKADEMIE DER WISSENSCHAFTEN

1929/30

MÜNCHEN

VERLAG DER BAYER. AKADEMIE DER WISSENSCHAFTEN

IN KOMMISSION DES VERLAGS R. OLDENBOURG MÜNCHEN

1930

Akademische Buchdruckerei F. Straub, München.

INHALT.

	Seite
Aus den Annalen der Akademie der Wissenschaften	1
Änderung zur Geschäftsordnung	6
Namentliche Liste der Präsidenten, Vizepräsidenten, Klassensekretäre und Sekretäre	8
Öffentliche Sitzung am 14. Mai 1929:	
Ansprache des Präsidenten	12
Todesfälle und Nekrologe	19
Julius Kaerst von W. Otto	20
Georg Kaufmann , A. O. Meyer	22
Carl Graebe , R. Willstätter	24
Henry Perkin , R. Willstätter	26
Allgemeine Sitzung am 22. Februar 1930:	
Neuwahlen	29
Personalstand am 1. Juni 1930:	
Verwaltung	31
Ehrenmitglieder, ordentliche und außerordentliche Mitglieder	33
Auswärtige und korrespondierende Mitglieder	39
Die Kommissionen bei der Akademie der Wissenschaften:	
I. Akademische Kommissionen	43
II. Verwaltungskommissionen	47
III. Vertreter der Akademie	50
Kommissionsberichte	51
Glückwunschschreiben	86
Akademische Medaille „Bene merenti"	96
Verzeichnis der Abhandlungen und Sitzungsberichte des Jahrganges 1929	97
Tauschverkehr der Akademie der Wissenschaften	100

Aus den Annalen
der Bayerischen Akademie der Wissenschaften.

Am 28. März 1759 unterzeichnete Kurfürst Maximilian III. Joseph die Stiftungsurkunde der Kurbayerischen Akademie der Wissenschaften, die von den kurbayerischen Räten Johann Georg Dom. v. Linprunn und Joh. Gg. v. Lori gegründet worden war, und aus zwei Klassen, einer historischen und einer philosophischen bestand.

Der Kurfürst überwies der Akademie das „neuerbaute, überaus prächtige" Mauthaus zur Benützung.

Die Akademie stellte von Beginn ihrer Tätigkeit Preisaufgaben und gab Abhandlungen heraus; Fest- und Gedächtnisreden erschienen.

Als Hauptaufgabe der historischen Klasse wurde die Herausgabe der Monumenta boica bezeichnet; die philosophische Klasse ließ einen astronomischen Kalender erscheinen.

Die Akademie übte selbständige Lehrtätigkeit aus.

Mit dem Regierungsantritt des Kurfürsten Karl Theodor im Jahre 1777 trat die kurbayerische Akademie in enge Beziehungen zu der 1763 zu Mannheim gegründeten Academia Electoralis Theodoro-Palatina. Am 22. Januar 1779 wurde die kurbayerische Akademie vom Kurfürsten neu bestätigt. In dieser Bestätigungsurkunde wurde eine dritte, belletristische Klasse aufgeführt, die 1777 gegründet worden war, 1785 aber wieder verschwand.

Am 1. Mai 1807 erhielt die nunmehr Königliche Bayerische Akademie der Wissenschaften eine neue Konstitution, nach der die Akademie nunmehr in drei Klassen: die philosophisch-philologische, die mathematisch-physikalische und die historische eingeteilt wurde.

Dem Präsidium wurden untergeordnet:

die Hof- und Zentralbibliothek,
das Kabinett der physikalischen und mathematischen Instrumente,
das polytechnische Kabinett,
das chemische Laboratorium,
das Münzkabinett,
das Antiquarium,
die Sternwarte zu Bogenhausen.

Die Akademie bezog am 27. Juli 1807 die ihr neu zugewiesenen Räume im Wilhelminum.

Am 22. Oktober 1823 erhielt die Akademie eine neue Organisation, die nur vier Jahre in Kraft blieb.

Die Verlegung der Universität nach München im Jahre 1826 brachte die Akademie in engen Zusammenhang mit dieser. Zwei neue Verordnungen vom 21. März 1827 regelten das Leben der Akademie. Diese wurde formell von der Verwaltung der wissenschaftlichen Sammlungen getrennt. Tatsächlich aber bestand Personalunion. Die genannten beiden Verordnungen bildeten die Grundlagen für Akademie und Verwaltung bis zum Jahre 1923.

Am 22. November 1841 behielt sich König Maximilian II. das Recht vor, neben den gewählten Mitgliedern eine Reihe von Mitgliedern selbst zu ernennen. Diese Bestimmung ist am 25. März 1849 wieder aufgehoben worden.

Eine „Kommission für die naturwissenschaftliche Erforschung Bayerns" übte von 1849 bis gegen Ende der fünfziger Jahre bei der Akademie ihre Tätigkeit aus.

1858 ist von Maximilian II. eine „Historische Kommission bei der K. B. Akademie der Wissenschaften" gegründet worden; eine Reihe von Stiftungen und Fonds sind nunmehr der Akademie zugeflossen.

Am 28. und 29. März 1859 konnte die Akademie ihre Säkularfeier festlich begehen. Sie gab aus diesem Anlaß eine Denkschrift „Monumenta saecularia" heraus.

Am 5. September 1866 wurde die Geschäftsordnung erneuert.

Der Wirkungskreis der Akademie erweiterte sich bedeutend durch die Herausgabe der Werke Aventins und die Teilnahme an den Monumenta Germaniae historica.

In der Verwaltung der wissenschaftlichen Sammlung vollzogen sich Änderungen: die Hof- und Staatsbibliothek wurde

1832 aus ihrem Rahmen gelöst, die polytechnische Sammlung aufgeteilt; dagegen sind ihr eine Reihe anderer Sammlungen neu unterstellt worden.

Das Wittelsbacher Jubiläum im Jahre 1878 wurde von der Akademie durch Herausgabe einer eigenen Festschrift gefeiert.

Im Jahre 1884 verließ die Akademie der bildenden Künste, die bisher im Wilhelminum untergebracht war, das Gebäude und bezog ihr neues Heim beim Siegestor. Für die Neuordnung der Sammlungen und Institute im Wilhelminum wurden in den folgenden Jahren namhafte Mittel, über ½ Million Mark bewilligt.

Die kommenden Jahre standen im Zeichen der Erweiterung und des Gedeihens. Die aufblühenden Anstalten erweckten das öffentliche Interesse. Reiche Stiftungen flossen ihnen zu.

Die deutschen Akademien zu Berlin, Göttingen, Leipzig, München und Wien schlossen sich 1893 zu einem Kartell zusammen; 1911 wurde auch die Heidelberger Akademie in das Kartell aufgenommen.

1905 stellte Prinzregent Luitpold dem Professor Furtwängler Mittel zu Ausgrabungen auf Aegina zur Verfügung, die durch eine Stiftung des Kommerzienrats von Bassermann-Jordan ergänzt wurden.

Zum 150. Stiftungsfest 1909 gab die Akademie einen großen Almanach heraus.

Seit 1909 war an der Neuanlage des botanischen Gartens gearbeitet worden, der noch vor dem Kriege (1912) geöffnet werden konnte.

Die Kriegsjahre von 1914—1918 unterbrachen in Vielem die Arbeit der Akademie; andererseits aber blieben Gelegenheiten nicht unbenützt, die der Krieg bot. So kam im Jahre 1915/16 eine zoologische Expedition nach Bielowice zustande. Das chemische Laboratorium wurde in der Kriegszeit namhaft erweitert.

1923 wurden, durch die veränderten Verhältnisse bedingt, nach langen Beratungen, die 1919/20 begannen, Verfassung und Geschäftsordnung erneuert.

Die drückenden Verhältnisse der Nachkriegszeit hemmten die Weiterentwicklung vielfach.

Immerhin darf die Verlegung des Völkerkundemuseums im Winter 1925/26 in das alte Nationalmuseum an der Maximilian-straße und die damit gegebene Ausdehnung des Museums für Abgüsse klassischer Bildwerke verzeichnet werden. Das Antiquarium (Museum antiker Kleinkunst) schied 1924 aus dem Bereich der Verwaltung aus.

Am 1. November 1924 räumte die Rechnungskammer den Flügel an der Kapellenstraße. Die freigewordenen Räume konnten wegen des Fehlens der nötigen Installation nicht in Benützung genommen werden. Versuche, die Mittel für die dringend nötige Neuordnung im Wilhelminum durch Teilvermietung zu gewinnen, wurden noch 1928 eingeleitet.

Die durch die Inflation wertlos gewordenen Stiftungen und Fonds wurden aufgewertet, die Satzungen im Februar 1929 revidiert. Ein Dispositionsfond des Präsidenten wurde neu gegründet.

Über die derzeitigen selbständigen Unternehmungen der Bayerischen Akademie der Wissenschaften berichten die einzelnen Kommissionen.

Im Kartell der deutschen Akademien (Berlin, Göttingen, Heidelberg, Leipzig, München, Wien) ist die Bayerische Akademie beteiligt an[1])

1. der Herausgabe der Werke Keplers,
2. dem Poggendorff'schen Biographisch-literarischen Handwörterbuch der exakten Wissenschaften,
3. der Enzyklopädie der mathematischen Wissenschaften,
4. der Septuaginta-Unternehmung,
5. dem Thesaurus linguae Latinae,
6. dem Corpus der griechischen Urkunden,
7. der Herausgabe der mittelalterlichen Bibliothekskataloge,
8. dem Deutschen Biographischen Jahrbuch,
9. der Deutschen Literaturzeitung.

---

[1]) Das Wörterbuch der ägyptischen Sprache wurde auf der Kartelltagung vom 25. 4. 1930 von der Liste der Kartellunternehmungen abgesetzt.

Der Verwaltung der wissenschaftlichen Sammlungen des Staates, die mit dem Präsidium der Akademie verbunden ist, unterstehen die nachstehenden Sammlungen und Institute:

1. die anatomische Sammlung (gegründet 1824)
   Direktor: o. Univ.-Prof. Geheimrat Dr. Mollier, Pettenkofer-straße 11,

2. die anthropologische Sammlung (gegründet 1886)
   Direktor: o. Univ.-Prof. Dr. Mollison, im Wilhelminum,

3. der botanische Garten (gegründet 1810)
   Direktor: o. Univ.-Prof. Geheimrat Dr. v. Goebel, Menzinger-straße 13,

4. das botanische Museum (gegründet 1813)
   stellvertretender Leiter: Prof. Dr. Roß, Menzingerstr. 13,

5. das pflanzenphysiologische Institut (gegründet 1862)
   Direktor: o. Univ.-Prof. Geheimrat Dr. v. Goebel, Menzinger-straße 13,

6. das chemische Laboratorium (gegründet 1815)
   Direktor: o. Univ.-Prof. Geheimrat Dr. Wieland, Arcisstr. 1,

7. die Sammlung für allgemeine und angewandte Geologie (ge-gründet 1920)
   Direktor: o. Univ.-Prof. Geheimrat Dr. Kaiser, im Wilhelminum,

8. die Mineralogische Sammlung (gegründet 1797)
   Direktor: o. Univ.-Prof. Dr. Gossner, im Wilhelminum,

9. die Münzsammlung (gegründet 1571)
   Direktor: Honorarprofessor an der Universität, Geheimrat Dr. Habich, im Wilhelminum,

10. das Museum für Abgüsse klassischer Bildwerke (gegründet 1869)
    Direktor: o. Univ.-Prof. Dr. Buschor, Galeriestr. 4,

11. das Museum für Völkerkunde (gegründet 1821 als staatliche Sammlung, 1868 als Museum)
    Direktor: o. Univ.-Prof. Geheimrat Dr. Scherman, Maximilian-straße 26,

12. die Sammlung für Paläontologie und historische Geologie (gegründet 1844)
    Direktor: o. Univ.-Prof. Dr. Broili, im Wilhelminum,

13. die Prähistorische Sammlung (gegründet 1885)
    Direktor: a. o. Univ.-Prof. Dr. Birkner, im Wilhelminum,

14. das physikalisch-metronomische Institut (gegründet 1871)
    Direktor: o. Univ.-Prof. Dr. Gerlach, Universitätsgebäude,
15. das Institut für theoretische Physik (nachzuweisen seit 1806)
    Direktor: o. Univ.-Prof. Geheimrat Dr. Sommerfeld, Univer-
    sitätsgebäude,
16. das physiologische Institut (gegründet 1855)
    Direktor: o. Univ.-Prof. Geheimrat Dr. Frank, Pettenkofer-
    straße 12,
17. die Sternwarte (gegründet 1816)
    Direktor: o. Univ.-Prof. Dr. Wilkens, Sternwartstr. 15,
18. die Erdphysikalische Warte (gegründet 1840)
    Direktor: o. Univ.-Prof. Dr. Wilkens, Sternwartstr. 15,
19. das zoologische Institut (gegründet 1827)
    Direktor: o. Univ.-Prof. Dr. v. Frisch, im Wilhelminum,
20. die zoologische Sammlung (hervorgegangen aus dem im 16. Jahr-
    hundert gegründeten herzoglichen Naturalienkabinett)
    Direktor: a. o. Univ.-Prof. Dr. Krieg, im Wilhelminum.

v. Frauenholz.

———————

Änderung zur Geschäftsordnung.
[Beschlossen in der Vorstandsitzung vom 6. November 1929. Genehmigt mit Verfügung des Staatsministeriums für Unterricht
und Kultus vom 14. November 1929 Nr. V 42991]

§ 10. 1. Abs. 2.

„Das Jahrbuch wird vom Syndikus der Akademie redigiert.
Die Berichte der wissenschaftlichen Kommissionen, abgeschlossen
mit 31. März, sind bis spätestens zum 15. April dem Syndikus zu
übersenden.

Nachrufe sollen für verstorbene Mitglieder der Akademie
ins Jahrbuch aufgenommen werden. Die Abteilungen beschließen
über die Nekrologe und ihre Verfasser. Der Verfasser übergibt
den von ihm unterzeichneten Nachruf, der den Umfang von 2—3
Druckseiten nicht überschreiten soll, innerhalb eines Monats dem
Klassensekretär, der ihn bis spätestens 1. Mai zur Drucklegung

an den Syndikus weiterleitet. Später abgelieferte Manuskripte
können nicht mehr angenommen werden.

Die Korrekturen für das Jahrbuch gehen von der Druckerei
an den Syndikus, der den Klassensekretären je einen Korrektur-
abzug des Personalstandes, den Verfassern der Kommissionsberichte
und Nekrologe je einen Abzug dieser Abschnitte des Jahrbuches
zusendet. Die Korrekturen gehen von diesen Herren an den Syndikus zurück. Die Revision wird vom Syndikus gelesen, wenn nicht
ausdrücklich von den Klassensekretären oder den Verfassern einzel-
ner Abschnitte auch ein Revisionsabzug erbeten wird."

8

Die Präsidenten der Akademie.

Sigmund Ferd. Graf von Haimhausen 1759—1761
Joh. Franz Maria Reichsgraf von Seinsheim 1761—1762
Emanuel Graf von Törring Jettenbach 1762—1768
Johann Graf von Baumgarten 1768—1769
Johann Franz Maria Reichsgraf von Seinsheim 1769—1771
Sigmund Ferdinand Graf von Haimhausen 1771—1779,
    von 1779—1787 Ehrenpräsident
Johann Franz Maria Reichsgraf von Seinsheim 1779—1787
Sigmund Ferdinand Graf von Haimhausen 1787-1793
Anton Graf von Törring Jettenbach 1793—1807
Friedrich Heinrich von Jacobi 1807—1812
1812—1827 unbesetzt, durch den Generalsekretär verwest
Friedrich Wilhelm von Schelling 1827—1842
Maximilian Freiherr von Freyberg-Eisenberg 1842—1848
Friedrich von Thiersch 1848—1859
Justus Freiherr von Liebig 1859—1873
Ignaz von Döllinger 1873—1890
Max von Pettenkofer 1890-1899
Karl von Zittel 1899—1904
Karl Theodor von Heigel 1904-1915
Otto Crusius 1915—1918
Hugo von Seeliger 1919-1923
Max von Gruber 1924—1927
Eduard Schwartz seit 1927.

Die Vizepräsidenten der Akademie.

Wigul. Xav. Aloysius Freiherr von Kreittmayr 1759—1761
August Graf von Törring 1761—1762
Sigmund Graf von Spreti 1762—1763
Kaspar Graf Basselet von La Rosée 1763—1764
Jos. Ferd. Graf von Salern 1764—1769

Jos. Theod. Topor Graf von Morawitzky 1769—1775
Alexander Graf von Savioli-Corbelli 1775—1780
Anton Clemens Graf von Törring-Seefeld 1780—1793
Sigmund Graf von Spreti 1793—1800
Stephan Freiherr von Stengel 1800—1803
Casimir Freiherr von Häffelin 1803—1804
Joh. Christoph Freiherr von Aretin 1804—1806
Karl Ehrembert Freiherr von Moll 1806.

Die Klassendirektoren und Klassensekretäre.

I. Historische Klasse.

Direktoren.

Joh. Georg Freiherr von Lori 1759—1761
du Buat 1761—1763
Christian Friedrich Pfeffel 1763—1768
Joh. Kaspar von Lippert 1768—1769
Ferdinand Sterzinger 1769—1779
Karl Edler von Vacchiery 1779—1802
Casimir Freiherr von Haeffelin 1802—1803
Georg Karl von Sutner 1803—1806
Lorenz Hübner 1806—1807.

Sekretäre.

Lorenz von Westenrieder 1807—1829
Maximilian Freiherr von Freyberg-Eisenberg 1829—1842
Franz Joseph Wigand von Stichaner 1842—1845
Joh. Karl Friedrich von Roth 1845—1848
Maximilian Freiherr von Freyberg-Eisenberg 1848
Jos. Andreas Buchner 1848—1851
Georg Thomas von Rudhart 1851—1860
Ignaz von Döllinger 1860—1873
Wilhelm von Giesebrecht 1873—1890
Karl Adolf Cornelius 1890—1898
Johann Friedrich 1898—1907
Robert von Pöhlmann 1907—1914
Erich Marcks 1914—1922
Leopold Wenger 1922—1926

Michael Döberl 1926—1928
Leopold Wenger seit 1928.

II. Philosophische Klasse.

Direktoren.

Joh. Georg Dominik von Linprunn 1759—1761
Joh. Anton von Wolter 1761—1762
Peter von Osterwald 1762—1768
Joh. Anton von Wolter 1768—1779
Ferd. Maria von Baader 1779—1797
    (seit 1786 philosophisch-physikalische Klasse)
Stephan Freiherr von Stengel 1797—1800
Maximus von Imhof 1800—1804
Mathias von Flurl 1804—1807
    (seit 1807 mathematisch-physikalische Klasse).

Sekretäre.

Karl Ehrembert Freiherr von Moll 1807—1825
Kajetan von Weiller 1825—1827
Ignaz von Döllinger (Anatom) 1827—1838
Heinrich August von Vogel 1838—1841
Karl Friedrich Phil. von Martius 1841—1869
Franz Ritter von Kobell 1869—1882
Karl von Voit 1882—1908
Karl von Goebel seit 1908
    dazu seit 1923 ein zweiter Sekretär:
Walter von Dyck seit 1923.

III. Philosophisch-philologische Klasse

seit 1807 von der philosophisch-physikalischen Klasse getrennt,
bis dahin s. die Direktoren dieser Klasse.

Sekretäre.

Joh. Christoph Freiherr von Aretin 1807—1812
Friedrich Adolf Heinrich von Schlichtegroll 1812—1818
Friedrich Wilhelm Joseph von Schlegel 1818—1821
Friedrich Adolf Heinrich von Schlichtegroll 1821—1822

Lorenz von Westenrieder als Stellvertreter 1822—1823
Kajetan von Weiller 1823—1827
Friedrich von Thiersch 1827—1848
Joh. Andreas Schmeller 1848—1852
Marcus Joseph Müller 1852—1870
Karl von Halm 1870—1873
Karl von Prantl 1873—1888
Heinrich von Brunn 1888—1894
Wilhelm von Christ 1894—1900
Ernst Kuhn 1900—1920
Eduard Schwartz 1920—1927
Paul Wolters seit 1927.

IV. Belletristisch-ästhetische Klasse.

Direktoren.
Joh. Kasp. Aloys. Graf Basselet von La Rosée 1779—1783
Aurelius Graf von Saviali-Corbelli 1783—1785.

Die beständigen Generalsekretäre, Sekretäre und Syndici.

Beständige Sekretäre.
Joh. Georg Freiherr von Lori 1759—1761
Ildephons Kennedy 1761—1801
Lorenz von Westenrieder 1801—1807.

Generalsekretäre.
Friedrich Adolf Heinrich von Schlichtegroll 1807—1822
Lorenz von Westenrieder als Stellvertreter 1822—1823
Kajetan von Weiller 1823—1827
von 1827—1849 nicht besetzt.

Sekretäre.
August Neumayer 1849—1881
Max Lossen 1881—1898
Karl Mayr 1898—1909.

Syndici.
Karl Mayr 1909—1917
Karl Alexander von Müller 1917—1928
Eugen von Frauenholz seit 1928.

12

Öffentliche Sitzung

am 14. Mai 1930

Die Sitzung wurde durch den Präsidenten der Akademie der Wissenschaften Herrn Schwartz mit folgender Ansprache eröffnet:

Hochgeehrte Festversammlung!

Im Namen der Akademie heiße ich alle, die unserer Einladung gefolgt sind und uns die Ehre ihrer Anwesenheit gegeben haben, herzlich willkommen.

Am 1. Januar ds. Js. wurde, nach einem feststehenden Wechsel, die bayerische Akademie der Vorort für das Kartell der Akademien Berlin, Göttingen, Heidelberg, Leipzig, München und Wien. Die übliche Jahresversammlung der Delegierten fand am 25. April 1930 im Festsaal der Akademie statt, im Wesentlichen wurde über die allen oder mehreren Akademien gemeinsamen Unternehmungen berichtet und beraten. Daß trotz der Knappheit der Mittel, die es dem Bayerischen Staat immer schwerer macht, die kulturellen Aufgaben, die er sich mit gutem Grund so hoch wie möglich stellt, in einer seiner Traditionen entsprechenden Weise zu erfüllen, die Akademie immer noch im Stande ist, zu vielen dieser Unternehmungen ihr, gelegentlich freilich etwas gekürztes Scherflein beizutragen, dafür sei dem Ministerium für Unterricht und Kultus bestens gedankt. Die Unternehmungen selbst sind in den Annalen, mit denen die unermüdliche Tätigkeit des Herrn Syndikus das Jahrbuch für 1928/29 bereichert hat, aufgezählt; ich hebe hier den Thesaurus linguae latinae als diejenige hervor, die seit ihrer Entstehung in München ihre Heimstätte hat und zu deren Unterkunft und Beamtenapparat die Bayerische Staatsregierung, vom Landtag in anerkennenswertester Weise unterstützt, weitaus das meiste beiträgt. Dank den beiden obengenannten staatlichen Gewalten und dem Entgegenkommen der stiftungsgemäß der Universität zustehenden Verwaltung des Maximilianeums, sowie der Hochherzigkeit eines ungenannt bleiben wollenden Privatmanns ist zunächst bedrohlich aussehenden Schwierigkeiten zum Trotz begründete Aussicht vorhanden, binnen Kurzem die Arbeitsräume aus einem nicht mehr ausreichenden und dem Zweck wenig entsprechenden Stockwerk eines Geschäftshauses in die ehemalige Pagerie des Maximilianeums überzuführen.

Wenn es zu den wesentlichen Zwecken der Kartelltagungen gehört, gerade in den jetzigen für die deutsche Wissenschaft wie für das gesamte deutsche Leben traurigen Zeiten das Gefühl der Zusammengehörigkeit zu stärken, so kann gesagt werden, daß der Zweck auch diesmal erreicht ist; die untrennbare Gemeinschaft der reichsdeutschen und der österreichischen Akademie offenbarte sich zwanglos und darum um so eindrucksvoller.

Über die der Bayerischen Akademie eigentümliche bewährte Personalunion des Präsidiums mit der Generalverwaltung der wissenschaftlichen Sammlungen des Staates ist in der vorjährigen Festsitzung ausführlich gesprochen und hervorgehoben, wie in Folge dieser Verbindung den Sammlungen Jahr für Jahr erhebliche Schenkungen zu Teil werden. Der Zustrom hat auch heuer nicht abgenommen. Zweien unter den Schenkern hat wegen ihrer besonderen Verdienste die Akademie Auszeichnungen verliehen, Herrn Dr. Philipp v. Lützelburg in Rio de Janeiro die goldene, Herrn Otto Becker in Meseritz die bronzene Medaille Bene merenti. Außerdem haben Schenkungen gestiftet von staatlichen, kirchlichen und weiteren mehr oder weniger öffentlichen Instituten das Bayer. Oberbergamt in München, das geologisch-paläontologische Institut der Universität Halle und die Bayer. Krongutsverwaltung der Staatssammlung für Paläontologie und historische Geologie, die Abtei St. Ottilien und die Mission Altötting sowie der Tierpark Hellabrunn der Zoologischen Staatssammlung, die tierärztliche Fakultät der Universität München dem Botanischen Museum, endlich die Bayer. Siedlungs- und Landbank und die Münchener Universitätsgesellschaft der Prähistorischen Staatssammlung. Es folgt die stattliche Reihe der Privaten: die Staatssammlung für paläontologische und historische Geo-

logie hat Schenkungen erhalten von Geheimrat Dr. Erich Kaiser,
Frau v. Tambosi und Dr. Königswald in München, vom Dipl.-
Ing. Herold in Monzingen, Benefiziaten Dr. Eberl in Obergünz-
burg, Frhr. Dr. Otto v. Cetto in Reichertshausen, Prof. Dr. Haertel
in Kissingen, den Lehrern Kandler in Schröding b. Wartenberg
und Peselmüller in Rinnenthal bei Friedberg und dem cand. geol.
Prügel in Zell (Rheinpfalz), das Museum für Völkerkunde von Herrn
Konsul a. D. Sachs in München, die Zoologische Staatssammlung
von Konservator Dr. v. Rosen, Prof. v. Hayek, Major Emrich,
Regierungsrat Hamberger, den Herrn Ernst Pfeiffer, Lankes, Sell-
mayer in München, Generaldirektor Geheimrat Prof. Dr. Bosch in
Ludwigshafen, Prof. Böker in Freiburg, Prof. Breßlau in Köln,
Prof. Alex. Koenig in Bonn, Herrn Dr. Stadler in Lohr, Ober-
jäger Hohenadl in Oberstdorf, das Botanische Museum von Herrn
Dr. Troll in München, die Prähistorische Staatssammlung von
Bauingenieur Hans Neubauer in Deggendorf, die Anthropologische Staatssammlung von Frau Medizinalrat Grünewald in Gar-
misch und Direktor Berghämer in Stuttgart. Daß auch außerhalb der deutschen Grenzen, ja außerhalb Europas die Bayer.
Akademie getreue Anhänger besitzt, beweisen die Schenkungen
des Ing. Emil Eisenhofer in Bangkok an das Museum für Völkerkunde, des Paters Cornelius Vogl in Venezuela, des Prof. Gliesch
und des Herrn Jorge Barbieux in Brasilien, des Herrn Zeno Kamer
in Barcelona, des Dr. Kälin in Zürich an die Zoologische Staatssammlung, des Prof. Gorjanovicz-Kramberger in Agram, des Prof.
Sitsen in Haag und des Prof. Davidson Black in Peking an die Anthropologische Staatssammlung, der Professoren J. Kunz und
Herzfeld in Amerika an das Institut für theoretische Physik.
Ihnen allen sei hiermit der herzlichste Dank ausgesprochen.
    Bei den der Akademie angehörenden oder angegliederten
Kommissionen die nicht sammeln, sondern Geld ausgeben, treten
naturgemäß die staatlichen und kommunalen Organe als Schenker
hervor, so für die Wörterbuchkommission die Reichsministerien
des Innern und für die besetzten Gebiete, die Staatsministerien für
Unterricht und Kultus und des Äußeren,die Kreisregierung der Pfalz,
die Notgemeinschaft der deutschen Wissenschaft, die pfälzische
Gesellschaft zur Förderung der Wissenschaften und das Direktorat der Lehrerbildungsanstalt Kaiserslautern. Die Historische

Kommission, die nach wie vor ihre Verbindung mit der Akademie aufrecht erhält, hat vom Reichsministerium des Innern einen Zuschuß von 10000 $\mathscr{RM}$, von der Stadt Augsburg 1000 $\mathscr{RM}$ und von der Stadt Regensburg die Zusage eines Zuschusses von 2400 $\mathscr{RM}$ erhalten. Ihrer jüngeren Schwester, der Kommission für bayerische Landesgeschichte sind im vorigen Jahr gespendet 8000 $\mathscr{RM}$ vom Herrn Ministerpräsidenten, 5000 $\mathscr{RM}$ von der Notgemeinschaft der deutschen Wissenschaft, und in z. T. erst später fälligen Jahresraten 6000 $\mathscr{RM}$ von der Stadt Nördlingen und 2000 $\mathscr{RM}$ vom Historischen Verein für Oberfranken. Auch für dies alles sei verbindlichster Dank erstattet.

Ein Vermögen im strengen Sinne des Wortes besitzt die Akademie nicht, hat sie auch in besseren Zeiten so wenig besessen wie, Heidelberg ausgenommen, ihre Schwestern im Reich und in Österreich. Aber sie verfügte einst über die Beträge einer stattlichen Reihe von Stiftungen und des recht erheblichen Mannheimer-Fonds und konnte damit nicht nur die ihrem Präsidenten unterstellten Sammlungen und die Forschungen ihrer Mitglieder, sondern auch andere Gelehrte unterstützen, wie es ihr als der ersten wissenschaftlichen Körperschaft des Landes zukam. Durch die Inflation wurden diese Mittel zunächst völlig vernichtet; es war auch nicht möglich, sie in Sachwerte umzusetzen und so einen Teil zu retten. Jetzt ist durch Aufwertung wenigstens soviel wieder hergestellt, daß die Kommissionen, denen die Verwaltung der Stiftungen obliegt, wieder zusammentreten und Summen bewilligen konnten, die wenn auch kaum der zehnte Teil des vor dem Kriege Verfügbaren, doch immer mehr sind als Null. So sind heuer von den Stiftungsbeträgen und dem Mannheimer-Fonds gegangen an die Staatssammlung für Paläontologie und historische Geologie 750 $\mathscr{RM}$, an die Staatssammlung für allgemeine und angewandte Geologie 350 $\mathscr{RM}$, an das Chemische Laboratorium 2155 $\mathscr{RM}$, an die Sternwarte 1100 $\mathscr{RM}$, an Herrn Heisenberg als Zuschuß zur Herausgabe einer Sammlung von Facsimiles byzantinischer Urkunden 1000 $\mathscr{RM}$; ferner an Herrn Goetz in Berlin zur Weiterführung seiner Untersuchungen über indische Kulturgeschichte 650 $\mathscr{RM}$, an Dr. Fr. Stählin in Nürnberg zur Unterstützung seiner Forschungsreise nach Thessalien 300 $\mathscr{RM}$, an Dr. Werner Jacobs in München als Reisezuschuß zu einem Studiumaufenthalt an der zoologischen Station in Neapel 850 $\mathcal{RM}$, aus der Samson-Stiftung, der immer noch meist begüterten von allen, an Herrn Petersen in Berlin für Herausgabe der Briefe Jean Pauls 1000 $\mathcal{RM}$, an Herrn Prof. Dr. Cl. Lebling in München zu geologisch-morphologischen Aufnahmen im Gebiet der Paar 300 $\mathcal{RM}$. Aus der nach langer Pause wieder in Tätigkeit getretenen Liebigstiftung ist Herrn Prof. Dr. Oskar Loew z. Zt. in Berlin für Verdienste um die Landwirtschaft die silberne Liebigmedaille verliehen und außerdem ein Ehrengeschenk von 500 $\mathcal{RM}$ zuerkannt.

Die im Oktober und November vorigen Jahres von der Akademie zum besten des Präsidentenfonds veranstalteten Vorträge der Herren Vossler, Zenneck, Pinder, Borst und Straub, denen hiermit nochmals verbindlichst gedankt sei, waren gut besucht und brachten eine nicht unbeträchtliche Summe ein; eine neue Reihe von Vorträgen wird im kommenden Oktober stattfinden. Ich ergreife die Gelegenheit gerne um auch Herrn Dacqué im Namen der Generalverwaltung dafür zu danken, daß er durch freiwillig unternommene Vorträge die knappen Mittel der paläontologischen Staatssammlung etwas ausgeweitet hat.

Durch die Ansprachen meiner Vorgänger und meiner selbst zieht sich wie der bekannte rote Faden in der alten englischen Marine die Mahnung, daß die Zustände im Wilhelminum nicht so bleiben können, wenn nicht wertvolle Bestandteile der Sammlung zu Grunde gehen, die wissenschaftliche Verarbeitung ihrer Schätze auf ein nicht mehr zulässiges Mindestmaß eingeschränkt werden soll. Die Hoffnung diesen roten Faden verschwinden lassen zu können, hat sich bis jetzt nicht erfüllt, und die Generalverwaltung würde pflichtwidrig handeln, wenn sie sich mit stummer Resignation in ihr Loos fände, das Eingeständnis der Staatsregierung, daß die Zustände unhaltbar seien, lediglich als Erinnerung an Vergangenes schätzte und nicht eine Aufforderung darin sähe, an die nicht mehr zu entschuldigende Notlage mit dringendem Ernst immer wieder zu erinnern, damit endlich wenigstens etwas geschieht; Hoffnung ist die Nahrung derer, die verhungern, sagt ein antikes Sprichwort. Ein resigniertes Schweigen wäre um so weniger zulässig, als die Generalverwaltung dankbar anerkennen muß, daß das Ministerium eine grundsätzliche Entscheidung getroffen hat, ohne sich durch allerlei wenig Einsicht in die vor-

handenen Notwendigkeiten verratende Angriffe irre machen zu
lassen. Das ist um so tröstlicher als jene Angriffe leider gelehrt
haben, daß, von rühmlichen Ausnahmen abgesehen, weite und
angesehene Kreise in unserer schönen Stadt der reinen forschenden
Wissenschaft, der unsere Sammlungen in erster Linie und in höherem
Maße dienen sollen als der Schaustellung, ein geringeres Interesse
entgegenbringen, als scheinbar actuelleren Dingen, wie Fremden-
verkehr, Kunststadt München, Soziale Fürsorge, Volksbildung
und ähnlichen schönen Sachen. Gegen eine solche vielleicht zeit-
gemäße, die Wissenschaft aber empfindlich schädigende Unpopu-
larität anzukämpfen liegt uns zur Kontemplation neigenden Gelehrten nicht; bittere Diatriben und beißende Satire überlassen
wir lieber den Wortkünstlern von Beruf. Aber uns still fügen
können wir um der Sache willen auch nicht; wir müssen uns zu
dem Optimismus zwingen, der meint, daß ein Interesse, das jetzt
noch kümmerlich sproßt, doch vielleicht noch zu einer kräftigen
Pflanze heranwachsen kann, um so mehr, als die Ehrentafeln in
dem Vorraum unseres Festsaales dafür zeugen, daß dies Interesse
einmal vorhanden gewesen ist. Was es bedeutet, wenn einfache
bürgerliche Kreise wissenschaftlichen Instituten zu Hilfe kommen,
möge ein Beispiel zeigen, auf das zum Schluß mit wenigen Worten
hinzuweisen ich mir nicht versagen kann. Nördlich von Deutschland
gibt es ein Land, kleiner als Bayern, hauptsächlich von Bauern
bewohnt, ohne große Industrie. Obgleich dort sicherlich nicht so
viel Bier produziert, konsumiert oder gar exportiert wird, wie an
den Ufern der bayer. Zuflüsse der Donau, brachte es in jenem
Lande vor mehr als einem Menschenalter ein Bierbrauer zu an-
sehnlichem Reichtum; er schenkte aus diesem Reichtum nicht
nur der Hauptstadt seines Landes eine Antikensammlung, die es
mit den besten Europas aufnehmen kann, sondern stattete auch
die dortige Akademie mit so reichlichen Fonds aus, daß sie nicht
nur die Forscher ihres Landes, sondern in der schlimmsten Not-
zeit auch deutsche Gelehrte unterstützen konnte. Ich verzichte
darauf, dem Beispiel in der Weise von Hebels Rheinischem Haus-
freund ein Merke anzuhängen; es käme nicht so anmutig heraus,
wie bei dem liebenswürdigen alemannischen Dichter, und es steht
einem Akademiker nicht an, durch allzugroße Deutlichkeit den
Anschein zu erwecken, als ob er der Fassungskraft seiner Zuhörer

oder Leser nicht ganz traue. Nur das eine möchte ich, um nicht mißverstanden zu werden, noch hinzufügen: es brauchen nicht überall nur die Bierbrauer zu sein, die die Wissenschaft fördern.

Freilich ist die Lage ernst. Männer, die sich als Beruf gewählt haben die Dinge unbeirrt von Fühlen und Wollen zu erkennen, lassen sich darüber, daß die Hoffnung auf eine Zukunft Deutschlands jetzt nichts als ein höchstens in Generationen sich erfüllender Glaube sein kann, durch das eitle Gerede von Aufbau und Aufstieg nicht täuschen. An sie und nicht nur an sie, sondern an alle, auf denen die Gegenwart lastet wie das Grauen einer endlosen Nacht, tritt vielmehr die Versuchung heran einer ingrimmigen Verzweiflung Einlaß zu gewähren, und niemand hat das Recht sie zu schelten. Nur das eine dürfen sie ihr nicht erlauben, daß sie ihnen die Kraft lähmt zu schaffen und zu wirken trotz allem. Viel kann es nicht sein, es wird ihnen keinen Ruhm bringen, keinen Anspruch auf den Dank der Nachwelt, aber immerhin genug um mit einem guten Gewissen eine Zeit zu ertragen, in der zu leben und zu handeln sie vom Schicksal verurteilt sind.

Nach Bekanntgabe der Todesfälle im letzten Jahre sowie der Wahlen von ordentlichen und korrespondierenden Mitgliedern durch die Klassensekretäre hielt das ordentliche Mitglied der philosophisch-philologischen Klasse, Geheimer Hofrat o. Universitätsprofessor Dr. Carl v. Kraus die Festrede über

„Unsere alte Lyrik",

die gesondert im Druck erscheint.

Todesfälle und Nekrologe.

Im vergangenen Jahre wurden der Akademie fünf korrespondierende Mitglieder durch den Tod entrissen:

Philosophisch-historische Abteilung:
Historische Klasse:

Ludwig Kaerst (Würzburg), geb. 16. April 1857, gest. 3. Jan. 1930.
Georg Kaufmann (Breslau), geb. 9. Sept. 1842, gest. 28. Dez. 1929.

Mathematisch-naturwissenschaftliche Abteilung:

WilliamHenry Perkin (Oxford), geboren 17. Juni 1860, gestorben
    17. September 1929.
Raimer Ludwig Claisen (Godesberg), geb. 14. Januar 1851, gest.
    5. Januar 1930.
Eduard Study (Bonn), geb. 23. März 1862, gest. 6. Januar 1930.

Nekrologe.

Philosophisch-historische Abteilung.

Am 3. Januar 1930 verschied in Würzburg **Julius Kaerst**, seit 1919 korrespondierendes Mitglied der historischen Klasse unserer Akademie. In Graefentonna in Thüringen am 16. April 1857 geboren hat er im Jahre 1878 in Tübingen als Schüler Alfred v. Gutschmids promoviert, ist dann längere Zeit in Gotha als Gymnasiallehrer tätig gewesen, hat sich 1898 in Leipzig für alte Geschichte habilitiert, ist dort im Jahre 1902 außerordentlicher Professor geworden und erhielt schließlich 1903 seine Berufung als ordentlicher Professor der alten Geschichte nach Würzburg, wo er bis zu seiner im Jahre 1929 erfolgten Emeritierung gewirkt hat. Wenn auch von Kaerst einige Beiträge zur römischen Geschichte und zur griechischen Quellenkunde vorliegen, so sind dies doch nur πάρεργα in seinem Lebenswerk. Von seinem Lehrer Alfred v. Gutschmid ist er auf die Geschichte Alexanders des Großen hingewiesen worden; mit ihr hat er sich immer wieder beschäftigt und ist durch sie auch auf die nähere Erforschung der unmittelbar vorhergehenden wie der an Alexander anschließenden Zeit hingeführt worden, Studien, die in der Zeichnung zusammenfassender Lebensbilder des großen Königs gipfeln. Kaersts besonderes Verdienst bei seinen Alexanderarbeiten besteht in der Herausarbeitung der für Alexander und dessen Herrscherwollen bestimmend gewesenen großen Ideen und der energischen Verteidigung seiner Thesen gegenüber seinen Gegnern.

Die Ideengeschichte hat ihn überhaupt vor allem anderen gefesselt. Hierin liegt die Eigenart seiner Forscherpersönlichkeit, seine Stärke, freilich auch seine Schwäche, da er Einseitigkeiten nicht zu vermeiden verstanden hat; in den eigenen Denksetzungen viel zu stark befangen, ist er sich der reichen Mannigfaltigkeit der bewegenden Zeitkräfte des öfteren nicht klar bewußt geworden,

hat schließlich manchmal mehr über Geschichte philosophiert
als Geschichte geboten. Auch Kaerst hat wie sonst gerade mancher
jüngere Historiker eine Mahnung nicht genügend beachtet, die
Leopold v. Ranke in seiner Erörterung der Geschichte der politischen Theorien besonders treffend ausgesprochen hat: „Man
würde dem denkenden Geiste Unrecht tun, wenn man die Theorie
lediglich aus dem Faktum herleiten wollte; sie hat vielmehr auch
ihrerseits eine selbständige Bewegung. Die Spekulation hat ihre
eigene Geschichte, die von einer Epoche in die andere hinüber-
reicht; was in der einen festgesetzt worden ist, dient als Grundlage
für die folgende, aber die Weiterbildung und das Maß ihrer
Geltung hängt doch immer mit den Ereignissen der Zeit
auf das innigste zusammen.“ Trotz alledem werden Arbeiten
wie Kaersts „Studien zur Entwicklung und theoretischen Begrün-
dung der Monarchie im Altertum“ (1898), „Die antike Idee der
Oikumene“ (1903), „Studien zur Entwicklung der universalge-
schichtlichen Anschauung (mit besonderer Berücksichtigung der
Geschichte des Altertums)“ (1911), „Scipio Aemilianus, die Stoa
und der Principat“ (1929) — Arbeiten wie diese und manche
seiner anderen werden immer ihre Bedeutung behalten, zumal sie
durch ihre universalhistorisch gerichtete Einstellung auch auf
weitere Historikerkreise anregend wirken.

Innerhalb der großen Werke zur griechischen Geschichte wird
auch immer seine Bedeutung behalten das Hauptwerk seines Lebens,
die Geschichte des hellenistischen Zeitalters (seit der 2. Auflage:
Geschichte des Hellenismus; der 1. Band ist zuerst 1901 erschienen),
die er leider stark unvollendet zurückgelassen hat; die Geschichts-
darstellung, die mit der Zeit Philipps von Makedonien einsetzt,
ist in dem 1. Teile des 2. Bandes sogar nur bis zum Jahre 301
v. Chr. herabgeführt, während die spekulativen Ausführungen allerdings zeitlich weiter ausgreifen. Die vergeistigende Arbeitsmethode
bestimmt auch dieses Werk, das als Versuch einer großen geistes-
geschichtlichen Synthese auf dem Gebiet der alten Geschichte
gedacht war. Starkes Gewicht ist entsprechend Kaerst's Auffassung
von der Kontinuität geschichtlichen Lebens auf die Eingliederung
der hier behandelten Periode in die Gesamtgeschichte gelegt,
wobei freilich zu einseitig die Entwicklung der Idee, des Wesens
der griechischen Polis in den Vordergrund der Betrachtung gestellt

wird. Auch hier werden sich die philosophischen Formeln, in die
Kaerst die tatsächliche Entwicklung einzuspannen bemüht ist, bei
lebensvollerer historischer Betrachtung des öfteren nicht als aus-
reichend erweisen; sie sind zu stark konstruiert, zu abstrakt und
vor allem zu einseitig gefaßt gegenüber den wirklich bestimmenden
Kräften jener Zeit, die eine ungewöhnliche Fülle des Lebens aufweist.
Es wäre jedoch nicht gerecht, deswegen die starke geistige Leistung
nicht anzuerkennen, die uns in dem Werke entgegentritt und deren
Eindruck sich in der Notwendigkeit wiederspiegelt, noch vor seiner
Vollendung es von neuem, ja in seinem 1. Bande sogar zum 3. Male
herauszugeben. Kaerst hat als Gelehrter stets nach den höchsten
Zielen gestrebt, diese mit tiefem Ernst in eindringender, unab-
lässiger Arbeit verfolgt mit demselben Ernst, mit dem er auch
— hier sogar leidenschaftlich bewegt — an den Zeitereignissen
Anteil genommen hat. Mit ihnen, mit für die heutige Zeit grundlegenden Problemen der deutschen Entwicklung, hat er, der sich
der entscheidenden Bedeutung des nationalen Elements neben dem
universalen für das geschichtliche Leben sehr wohl bewußt war,
sich auch verschiedentlich literarisch befaßt; die am stärksten
ausgereifte Frucht dieser politisch-historischen Betätigung — auch
sie wieder ein deutliches Zeichen seiner starken Neigung zur uni-
versalhistorischen Betrachtung — sei hier auch namentlich an-
geführt, die anregende Schrift „Weltgeschichte, Antike und deutsches Volkstum" (1925).   Walter Otto

Am 28. Dezember 1929 starb in Breslau **Georg Kaufmann**,
korrespondierendes Mitglied der historischen Klasse seit 1888.
Geboren am 9. September 1842 in Münden (Hannover), als Sohn
des Pastors Wilhelm Kaufmann, studierte er in Halle und Göttingen Geschichte und klassische Philologie. Seine stärkste wissenschaftliche Anregung empfing er durch Georg Waitz. Er promo-
vierte 1864 in Göttingen und wirkte am dortigen Gymnasium
bis 1872, dann bis 1888 am Lyceum in Straßburg i. E., wo er
sich auch an der Universität als Privatdozent niederließ. Im Jahre
1888 wurde er als ord. Professor an die Akademie zu Münster
berufen, 1891 an die Universität Breslau, der er bis zu seiner
Emeritierung im Jahre 1921 als eine der markantesten Persönlich-
keiten ihres Lehrkörpers angehört hat.

Anlage und Neigung drängten Kaufmann von jeher mehr
zur zusammenfassenden Darstellung als zur kritischen Einzel-
forschung. Sein erstes größeres Werk, die zweibändige „Deutsche
Geschichte bis auf Karl den Großen" (1880, 81) war ein glück-
licher Wurf. Entstanden in einer Zeit stärkster Bewegung auf
dem Felde verfassungsgeschichtlicher Forschung (Waitz, Sohm,
P. Roth), ist es ausgezeichnet durch sichere und selbständige Beherrschung der damals schwebenden Streitfragen. Es schildert
die germanische Urzeit in lebendiger und allseitiger Darstellung,
den Aufstieg und die Entwicklung des Frankenreiches im wei-
testen weltgeschichtlichen Zusammenhang. Auch Kaufmann's
nächstes großes Werk trägt den Charakter der zusammenfassenden
Darstellung. Es ist die seinerzeit hart umkämpfte „Geschichte
der deutschen Universitäten" (2 Bände 1888. 1896). Die schweren
Vorwürfe, die der leidenschaftliche Heinrich Denifle gegen die
Selbständigkeit und die Zuverlässigkeit von Kaufmann's Darstellung schleuderte, waren zwar in der Hauptsache ungerecht;
aber in einem Punkt hat der gelehrte Dominikaner, der beste
Kenner der Scholastik wie der Frühzeit der Universitätsgeschichte,
richtig gesehen: Kaufmann ist mit diesem auf amtliche Anregung unternommenen Werke an eine Aufgabe herangetreten,
die seine Kräfte überstieg, die bei dem damaligen Stande der
Vorarbeiten die volle Hingabe einer Lebenskraft erfordert hätte.
Der Boden, auf dem Kaufmann seinen großen Bau errichten
wollte, war noch nicht genügend vorbereitet, und alle warme
Liebe, die er in ewig jungem Herzen den deutschen Universitäten,
ihrer Freiheit und ihrer hohen Sendung entgegentrug, konnte
dem vielseitig, auch politisch tätigen Manne doch nicht die Kraft
zur Vollendung eines Werkes geben, das umfangreiche Erschlies-
sung neuer Quellen und zahlreiche Einzeluntersuchungen erfor-
derte, ehe die gesicherte Darstellung beginnen konnte. So ist
das Werk Torso geblieben. Es führt nur bis in die Zeit des Hu-
manismus, hält also gerade vor dem Zeitpunkt inne, da zum
ersten Mal eine deutsche Universität weltgeschichtliche Bedeutung gewinnen sollte. Der Universität Breslau hat er zu ihrem
100 jährigen Jubiläum (1911) noch die Festschrift geschenkt, eine
Darstellung ihrer Entwicklung vor allem bis zur Jahrhundert-
mitte; doch als er in hohem Alter die letzte Schaffenskraft an

den dritten Band seiner großen Universitätsgeschichte setzte, da
wurde er des Stoffes nicht mehr Herr.

Noch zweimal hat Kaufmann seine reiche Darstellungsgabe
an großem Gegenstand versucht. Für das von P. Schlenther heraus-
gegebene Sammelwerk „Das 19. Jahrhundert" schrieb er die „Politische Geschichte Deutschlands im 19. Jahrhundert" (1900, zweite
Auflage 1912), ein Werk, das, von demselben starken Ethos getragen wie seine akademischen Vorlesungen, durch die persönliche
Note des inneren Erlebnisses wie eigener politischer Erfahrungen
sein bestimmendes Gepräge erhalten hat. Es ist das unter Kaufmann's Werken, das die stärkste Wirkung außerhalb des Kreises
der Fachwelt geübt hat. Auch seine letzte große Darstellung,
„Kaisertum und Papsttum bis Ende des 13. Jahrhunderts", ein
Beitrag zu J. v. Pflugk-Harttungs Weltgeschichte (1909), wendet
sich mehr an den Geschichtsfreund als an den Geschichtsforscher
und ist ein echter Kaufmann ebenso in der Weite seines Horizontes,
im Blick für historische Größe, wie in der Neigung zum scharfen
sittlichen Werturteil.

Kaufmann hat keine Schule hinterlassen und hat doch stark
auf seine Schüler gewirkt. Die Erziehung zu strenger Methode
lag diesem Feuerkopf nicht; aber durch sein männliches Ethos
und die begeisternde Kraft seiner Persönlichkeit, durch die in
ihm verkörperte Einheit von Leben und Lehre ist er der akademischen Jugend ein Erzieher gewesen, in dem ein gut Teil
der besten Traditionen des deutschen Universitätslehrers Gestalt
gewonnen hatte. Als die Göttinger Fakultät ihm zum 50. Doktorjubiläum das Diplom erneuerte, durfte sie mit Recht schreiben:
„quoad vixit scientiam non modo tamquam artem professus est,
sed vivendi normam sibi constituit."   A. O. Meyer.

Mathematisch-naturwissenschaftliche Abteilung.

In **Carl Graebe** hat unsere Akademie ein korrespondierendes
Mitglied verloren, das ihre Liste fast ein halbes Jahrhundert ge-
ziert hat. Graebe wurde am 24. Februar 1841 in Frankfurt a. M.
als Sohn eines angesehenen Kaufmanns geboren und ist in seiner
Vaterstadt am 19. Januar 1927 gestorben. Seine Ausbildung ver-
dankte er den Laboratorien von Bunsen in Heidelberg und Kolbe
in Marburg, aber tieferen Einfluß auf seine wissenschaftliche Ent-

wicklung gewannen Kekulé, dessen Strukturtheorie und dessen Benzolformel die großen neuen Wege für die organische Chemie eröffneten, und Baeyer, der an der Gewerbeakademie in Berlin wirkte und dem um sechs Jahre Jüngeren eine Assistentenstelle übertrug. In dieser Zeit entstanden die Arbeiten von Graebe und Liebermann über den Krappfarbstoff, die diesen Forschern unvergänglichen Ruhm eingetragen haben und eine der bedeutendsten Grundlagen für unsere deutsche chemische Großindustrie geworden sind. Graebe hatte die Körpergruppe der Chinone kennen gelernt und er kam auf den glücklichen Gedanken, daß auch das Alizarin in die Klasse der Chinone gehöre. Um diese Annahme zu beweisen und die Stammsubstanz des Farbstoffes aufzusuchen, bedurfte es einer Methode, dem Molekül die festgebundenen Sauerstoffatome zu entziehen. Es war eine besonders glückliche Fügung, daß dieses methodische Problem kurz zuvor von Baeyer gelöst worden war, nämlich an der Umwandlung von Oxindol durch Zinkstaubdestillation in Indol, die Stammsubstanz des Indigofarbstoffs. Baeyer wünschte, daß Graebe diese Methode auf das Alizarin anwenden sollte, aber Graebe war abgeneigt, von Baeyers Methode Nutzen zu ziehen. Schließlich gab Baeyer seiner Anregung eine bestimmtere Form: „Sie sind mein Assistent, ich befehle Ihnen, Alizarin über Zinkstaub zu destillieren." Mit diesen Worten hat mir Baeyer den Hergang erzählt. Die Desoxydation gelang. Graebe und Liebermann gewannen Anthracen durch den Abbau. Ein großes Verdienst erwarben sie sich, als sie sofort und in scharfem Wettbewerb mit W. H. Perkin, dem Begründer der ersten Teerfarbenindustrie, den umgekehrten Weg mit Tatkraft und erfinderischem Geschick beschritten und die Synthese des Alizarins aus dem Teerkohlenwasserstoff erzielten. Durch Bromierung von Anthrachinon und Erhitzen des Dibromderivats mit Ätzkali glückte im nämlichen Jahre 1868 die künstliche Darstellung des Krapprots. Die Badische Anilin- und Sodafabrik übernahm die Erfindung und begann die Fabrikation des Alizarins, allerdings nicht nach der ersten Methode, sondern nach einem technisch zweckmäßigeren Verfahren von Caro, auf dem Weg über Anthrachinonsulfosäure. Um die wirtschaftliche Bedeutung der Synthese des Krappfarbstoffs zu würdigen, von dem in der Zeit vor dem Krieg etwa 2 Millionen kg jährlich fabriziert wurden, muß man berücksichtigen, daß aus dem

Alizarinrot eine große Reihe wichtiger Anthracenfarbstoffe hervorgegangen ist, und daß noch die letzte Entwicklung dieser Klasse
uns durch die Synthese von Küpenpigmenten mit vielen konden-
sierten Benzolkernen die echtesten und wertvollsten Farbstoffe
geliefert hat.

Graebes Lebensarbeit blieb der in der Jugend eingeschlagenen
Richtung treu. Eine ausgezeichnete Untersuchung schuf Klarheit
über das Alizarinblau und die damit in Zusammenhang stehende
Chinolinsynthese von Skraup. Gemeinsame Arbeiten von Graebe
mit dem genialen Erfinder R. Bohn legten die Farbstoffe Gallo-
flavin und Benzoingelb klar. Gründliche Untersuchungen der Xan-
thongruppe erzielten die Synthese des Naturfarbstoffs Euxanthon
und die Aufklärung der Methylanthrachinonderivate, welche die
wirksamen Bestandteile der Rhabarberwurzel bilden. Endlich
schlossen sich Untersuchungen über hochmolekulare Kohlenwasser-
stoffe des Teers und über den tiefroten Kohlenwasserstoff von de la
Harpe und van Dorp an Jugendarbeiten über hochsiedende Teer-
bestandteile an und förderten Graebes altes Lieblingsproblem, den
Zusammenhang zwischen Farbe und ungesättigter Natur.

Graebes akademische Laufbahn, die mit der Professur in
Königsberg begann (1870), erlitt eine Unterbrechung infolge jahre-
langer Krankheit. Im Jahre 1878 fand Graebe einen neuen Wirkungskreis in Genf, wohin er als Nachfolger von Marignac über-
siedelte. Der bedeutende, aufrechte und gütige Mann lehrte dort
28 Jahre lang. Unsere Hochschulen haben an ihm ein Unrecht
begangen, wie sie es nicht selten versäumt haben, unsere besten
Landsleute rechtzeitig von Auslandsposten zurückzurufen. Nach
seinem Rücktritt von der Professur siedelte Graebe in seine Vaterstadt über und widmete die Muße seiner letzten Lebensjahre einer
„Geschichte der organischen Chemie“, die von Scheele bis van't
Hoff reicht.   Richard Willstätter

William Henry Perkin, das Haupt der organisch-chemischen
Schule Englands, starb am 17. September 1929, fünfzig Jahre,
nachdem er in enge Beziehungen zu den chemischen Schulen unseres Landes getreten war. Sein Vater war der berühmte Erfinder
des ersten Anilinfarbstoffs. Er erfand achtzehnjährig im Laboratorium von A. W. Hofmann in London als dessen Famulus das

Mauvein und gründete daraufhin ein Jahr nachher eine Farbstoff-
fabrik in Greenford Green. Im nahegelegenen Sudbury wurde
dem zweiundzwanzigjährigen Fabrikherrn am 17. Juni 1860 ein
Sohn geboren, William Henry jr., der den Forschungsdrang und
die Tatkraft des Vaters geerbt hat. Am Royal College of Science,
wo früher Hofmann gelehrt hatte, studierte er bei E. Frankland
und R. Hodgkinson; dann verbrachte er zwei Jahre an der Universität Würzburg bei Joh. Wislicenus und vervollständigte mit
einer Untersuchung über Kondensationsprodukte des Oenanthal-
dehyds seine methodische Ausbildung. Für Perkins wissenschaftliche Entwicklung war sein Eintritt in das Laboratorium Adolf
v. Baeyers entscheidend. Aus diesem veröffentlichte Perkin schon
zu Anfang des Jahres 1883 eine Untersuchung über die Bildung
von Cyclopropanderivaten aus Natriummalonester und Natracet-
essigester mit Äthylenbromid, die für seine jahrzehntelangen Forschungen über Ringverbindungen den Grund legte. Die Technik
ging auf Wislicenus zurück, das Problem aber läßt die Anregung
und den Einfluß Baeyers erkennen. Nicht mit dieser bahn-
brechenden Arbeit, vielmehr auf Grund einer gleichzeitig gemeinsam mit Baeyer ausgeführten Untersuchung über Benzoylessig-
säure habilitierte sich Perkin im Jahre 1884 an der Universität
München, der er als Privatdozent zwei Jahre angehört hat, zugleich mit Königs, v. Pechmann, Curtius, Claisen, Friedländer
und Bamberger, in der Blütezeit des Baeyerschen Instituts. Sein
ganzes Leben lang hat Perkin seinem verehrten und bewunderten
Lehrer dankbare Treue bewahrt und er hat die freundschaftliche
Gesinnung auf die deutschen Fachgenossen übertragen. In seine
britische Heimat zurückgekehrt, lehrte Perkin kurze Zeit in Edinburgh, dann zwanzig Jahre lang an der Universität Manchester
und seit 1912 hatte er in Oxford die Waynflete-Professur für organische Chemie inne und genoß zugleich die Zugehörigkeit zum
schönen und ehrwürdigen Magdalen-College als Fellow. Perkin
war beseelt von glühender Liebe zum Forschen, von starkem Tem-
perament und Frohsinn. Seine Aktivität war ungewöhnlich, seine
Arbeitsweise ganz eigenartig. Ein älterer Gehilfe pflegte die Versuche so weit vorzubereiten, daß das Ausgangsmaterial bereit lag
für den nächsten Schritt. Diesen vollbrachte Perkin allein, ohne
Assistenten; die Analyse des Reaktionsprodukts fiel dem Gehilfen

zu. So gedieh die Arbeit ungemein rasch und sicher. Eigene
experimentelle Tätigkeit war für Perkin unentbehrlich, aber er
war nie einseitig. Die Mußestunden gehörten dem Cricket, der
Musik, der Gärtnerei; immer war Perkin selber tätig.

In dem großen Lebenswerk Perkins nimmt die Arbeitsreihe
über die Polymethylene den bedeutendsten Raum ein. Perkin hat
vor der Deutschen Chemischen Gesellschaft im Jahre 1902 in einem
zusammenfassenden Vortrag und abschließend vor kurzem in der
ersten Pedler Lecture vor der Chemical Society darüber berichtet.
Den Abstand zwischen der aliphatischen und der aromatischen
Reihe überbrückend, erstand in diesen Arbeiten ein breites Gebiet
ringförmiger Körper von aliphatischer Natur, alicyclische Verbin-
dungen, deren Existenz die Spannungstheorie Baeyers wahrschein-
lich gemacht hatte, nämlich außer den Hydrobenzolderivaten namentlich die Cyclopropane, -butane, -pentane sowie Brückenringe.
Hierzu gehören die Stammsubstanzen der ätherischeu Öle des
Pflanzenreichs; auf diese, nämlich auf Campher und seine Oxi-
dationsprodukte und auf Limonen und Terpineol, dehnte Perkin
seine Forschungen erfolgreich aus. Es war ihm vergönnt, auch
noch die neuen Fortschritte in der Chemie der Cycloparaffine zu
erleben, wodurch die Spannungstheorie Baeyers, nachdem ihre
heuristische Kraft sich erschöpft hatte, überholt und überwunden
worden ist: die Entdeckung der isomeren Perhydronaphtaline, die
Aufklärung der vielgliedrigen Polymethylene der Moschusgruppe.

Aus den übrigen Werken Perkins ragen zwei Gruppen von
Arbeiten über Naturprodukte von sehr verwickelter Struktur hervor,
an denen seine Eigenart und seine Beharrlichkeit sich in hohem
Maße bewährte: Untersuchungen über Alkaloide, nämlich über die
Berberingruppe, über Harmin und Harmalin und über Basen der
Opiumgruppe, andererseits die Erforschung der Rotholz- und Blau-
holzfarbstoffe, die durch oxydativen Abbau und durch synthetische
Methoden im wesentlichen klargelegt wurden. In seinem späteren
Lebensabschnitt hatte Perkin das Glück, in der Bearbeitung wichtiger Probleme mit seinem großen Schüler R. Robinson verbunden
zu bleiben. Robinson sagt von seinem Lehrer: „Few chemists
have contributed so much to knowledge".   Richard Willstätter.

In der allgemeinen Sitzung vom 22. Februar 1930 wurden folgende Wahlen vollzogen:

Philosophisch-philologische Klasse:

als korrespondierendes Mitglied:

Dr. Bogdan Filow, ord. Professor für Archäologie an der Universität und Direktor des Bulgarischen Archäologischen Instituts in Sofia.

Historische Klasse:

als korrespondierende Mitglieder:

Dr. Albert Brackmann, Generaldirektor der preußischen Staatsarchive und Honorarprofessor an der Universität Berlin.

Dr. Friedrich Wilhelm Frhr. Hiller v. Gaertringen, ord. Honorar-Professor für griechische Epigraphik an der Universität Berlin.

Dr. Gaetano de Sanctis, ord. Professor für alte Geschichte an der Universität Turin.

Dr. A. M. Andreades, ord. Professor für Finanzwissenschaft und Statistik an der Universität Athen.

Mathematisch-naturwissenschaftliche Abteilung:

a) als ordentliches Mitglied:

Dr. Walter Gerlach, ord. Professor für Experimentalphysik an der Universität und Direktor des Physikalisch-metronomischen Instituts in München.

b) als korrespondierende Mitglieder:

Dr. Paul Harzer, Geheimer Regierungsrat, emer. ord. Professor
für Astronomie an der Universität und Direktor der Sternwarte in Kiel.

Dr. Salvatore Pincherle, ord. Professor für Mathematik an der
Universität Bologna.

Dr. Georg Bredig, ord. Professor für physikalische Chemie und
Elektrochemie an der Technischen Hochschule und Direktor
des Instituts für physikalische Chemie und Elektrochemie in
Karlsruhe.

Personalstand

am 1. Juni 1930.

Verwaltung.

Präsident:

Dr. Eduard Schwartz, Bad. Geh. Rat, o. Univ.-Professor der klassischen Philologie, geb. 22. Aug. 1858 zu Kiel (o. 1919), Rambergstr. 4/III.

Sekretäre der philosophisch-historischen Abteilung:

Philosophisch-philologische Klasse:

Dr. Paul Wolters, Geh. Rat, o. Univ.-Professor für Archäologie, geb. 1. Sept. 1858 zu Bonn (o. 1908, korr. 1903), Elvirastr. 4.

Historische Klasse:

Dr. Leopold Wenger, Geh. Justizrat, o. Univ.-Professor für römisches Recht, deutsches bürgerliches Recht, Papyrusforschung und antike Rechtsgeschichte, geb. 4. Sept. 1874 zu Obervellach in Kärnten (o. 1914, a. o. 1912), Kufsteinerplatz 1/II.

Sekretäre der mathem.-naturwissenschaftl. Abteilung:

Dr. Karl Ritter v. Goebel, Geh. Rat, o. Univ.-Professor für Botanik, Direktor des Botanischen Gartens und des Pflanzenphysiologischen Instituts, geb. 8. März 1855 zu Billigheim, Baden (o. 1892), Menzingerstraße 15 (Botan. Garten).

Dr. Walther Ritter v. Dyck, Geh. Rat, o. Professor für Mathematik an der Technischen Hochschule, geb. 6. Dez. 1856 zu München (o. 1892, a. o. 1890), Solln bei München, Friedastr. 12.

Syndikus:

Dr. Eugen v. Frauenholz, Honorarprofessor für Kriegs- und Heeresgeschichte an der Universität, Reg.-Rat I. Kl., geb. 17. August 1882 zu München, Maximilianstr. 15/I.

Bibliothek:

Bibliothekar: Dr. Wilhelm K r a g , Oberbibliothekar der Staatsbibliothek.
Ehrenamtliche Bibliothekare: Friedrich Franz F e e s e r , Generalmajor a. D.
Wilhelm H u m s e r , Major a. D.
Kanzleisekretär: Max G l o g g e r .

Kanzlei:

Obersekretär: Justin H u w i g , Verwaltungssekretär.
Kanzleiassistent: Gottlob K l i n g e l .
Offiziant:

Kassenverwaltung:

Hauptkassenverwalter: Joseph M i l l e r , Hauptkassier.
Kassesekretär: Heinrich M e d e r , Verwaltungsinspektor.
Hilfsarbeiter: Wilhelm R e i f , Vertragsangestellter.

Haus:

Hausverwaltung: Max G l o g g e r , Kanzleisekretär.
Heizer: Peter H u f n a g l , Oberoffiziant.
Pförtner: Anton S c h w a l d , Oberoffiziant.

Verlag der Akademie
in Kommission des Verlags R. O l d e n b o u r g (München).

Ehrenmitglied.

1911 Kronprinz Rupprecht von Bayern.

Ordentliche und ausserordentliche Mitglieder.
(Nach dem Stande 1. Juni 1930.)

Philosophisch-historische Abteilung.

Philosophisch-philologische Klasse:

Ordentliche Mitglieder
(nach dem Jahre der Wahl).

Dr. Karl v. Amira, Geh. Rat, o. Univ.-Professor für deutsche Rechtsgeschichte, deutsches bürgerliches Recht, Handelsrecht und Staatsrecht, geb. 8. März 1848 zu Aschaffenburg (o. 1901), Möhlstr. 37.

Dr. Paul Wolters, (o. 1908, korr. 1903), s. Klassensekretär S. 31.

Dr. August Heisenberg, Geh. Reg.-Rat, o. Univ.-Professor für mittel- und neugriechische Philologie, geb. 13. Novbr. 1869 zu Osnabrück (o. 1913, a. o. 1911), Hohenzollernstr. 110/III.

Dr. Erich Berneker, Geh. Reg.-Rat, o. Univ.-Professor für slavische Philologie, geb. 3. Februar 1874 zu Königsberg in Preußen (o. 1913, a. o. 1911), Mauerkircherstr. 16/II.

Dr. Karl Vossler, Geh. Rat, o. Univ.-Professor für romanische Philologie, geb. 6. Sept. 1872 zu Hohenheim bei Stuttgart (o. 1916, a. o. 1912), äußere Maximilianstr. 20.

Dr. Carl v. Kraus, Geh. Hofrat, o. Univ.-Professor für deutsche Philologie, geb. 20. April 1868 zu Wien (o. 1918, a.o. 1917), Liebigstr. 28/II.

Dr. Eduard Schwartz (o. 1919), s. Präsident S. 31.

Dr. Georg Dittmann, Gymnasialprofessor, Generalredaktor des Thesaurus linguae latinae, geb. 29. Sept. 1871 zu Barby (o. 1924), Ungererstraße 36/II.

Dr. Wilhelm Spiegelberg, Geh. Reg.-Rat., o. Univ.-Prof. für Ägyptologie, geb. 25. Juni 1870 zu Hannover (o. 1924), Konradstr. 16/II.

Dr. Max Förster, Geh. Hofrat, o. Univ.-Professor für englische Philologie, geb. 8. März 1869 zu Danzig (1926), Franz Josephstr. 15/L.

Dr. Ferdinand Sommer, Geh. Reg.-Rat, o. Univ.-Professor für indogermanische Sprachwissenschaft, geb. am 4. Mai 1875 zu Trier (1927), Ludwigstr. 22 c/I r.

Dr. Gotthelf Bergsträßer, o. Univ.-Professor für semitische Philologie und Islamwissenschaft, geb. 5. April 1886 zu Oberlosa bei Plauen (1929), Ludwigstr. 22 c/II r.

Dr. Walther Brecht, Geh. Reg.-Rat, o. Univ.-Professor für neuere deutsche Literaturgeschichte, geb. 31. August 1876 zu Berlin (1929), Friedrichstraße 9/III.

Dr. Lucian Scherman, Geh. Reg.-Rat, o. Univ.-Professor für Völkerkunde Asiens mit besonderer Berücksichtigung des indischen Kulturkreises, Direktor des Museums für Völkerkunde, geb. 10. Okt. 1864 zu Posen (o. 1929, a. o. 1912), Herzogstr. 8/II.

Dr. Johannes Stroux, o. Univ.-Professor für klassische Philologie, geb. 25. August 1886 zu Hagenau i. Els. (1929), Gottfriedstr. 19.

Ausserordentliche Mitglieder:

Dr. Joseph Schick, Geh. Rat, o. Univ.-Professor für englische Philologie, geb. 21. Dez. 1859 zu Rißtissen (1913), Ainmillerstr. 4/II.

Dr. Paul Lehmann, o. Univ.-Professor für lateinische Philologie des Mittelalters, geb. 13. Juli 1884 zu Braunschweig (1917), Trautenwolfstraße 6/IV.

Dr. Johannes Sieveking, Professor, Direktor des Museums antiker Kleinkunst, geb. 6. Juli 1869 zu Hamburg (1918), Steinsdorfstraße 4/III r.

Dr. Otto Hartig, Oberbibliothekrat an der Staatsbibliothek, geb. 6. April 1876 zu Großhartpenning, Oberbayern (1919), Barerstr. 56/I G.G.

Historische Klasse:

Ordentliche Mitglieder:

Dr. Lujo Brentano, Geh. Rat, o. Univ.-Professor für Nationalökonomie, Finanzwissenschaft und Wirtschaftsgeschichte, geb. 18. Dezember 1844 zu Aschaffenburg (1901), Prien am Chiemsee Nr. 65 b.

Dr. Adolf Sandberger, Geh.-Reg. Rat, o. Univ.-Professor für Musikwissenschaft, geb. 19. Dez. 1864 zu Würzburg (o. 1912, a. o. 1902), Prinzregentenstr. 48/I.

Dr. Leopold Wenger (o. 1914 a. o. 1912) s. Klassensekretär S. 31.

Dr. Georg Leidinger, Geh. Reg.-Rat, Direktor der Staatsbibliothek, Honorarprofessor an der Universität, geb. 30. Dez. 1870 zu Ansbach (o. 1916, a. o. 1909), Richard Wagnerstr. 3/II.

Dr. Martin Grabmann, Geh. Reg.-Rat, o. Univ.-Professor für Dogmatik, geb. 15. Januar 1875 in Winterzhofen bei Eichstätt (1920), Schellingstraße 10/III.

Dr. Georg Habich, Geh. Reg.-Rat, Direktor der staatl. Münzsammlung, Honorarprofessor an der Universität, geb. 24. Juni 1868 zu Darmstadt (o. 1920, a. o. 1910), Schönfeldstr. 20/II.

Dr. Walther Lotz, Geh. Rat, o. Univ.-Professor für Finanzwissenschaft, Statistik und Nationalökonomie, geb. 21. März 1865 zu Gera (o. 1920, a. o. 1917), Mandlstr. 5/II.

Dr. Walter Otto, Geh. Reg.-Rat, o. Univ.-Professor für alte Geschichte, geb. 30. Mai 1878 zu Breslau (o. 1920, a. o. 1918), Widenmayerstr. 10/I.

Dr. Albert Rehm, Geh. Reg.-Rat, o. Univ.-Professor für klassische Philologie und Pädagogik, geb. 15. August 1871 zu Augsburg (o. 1925, a. o. 1914), Montsalvatstraße 12.

Dr. Wilhelm Pinder, Geh. Reg.-Rat, o. Univ.-Professor für Kunstgeschichte, geb. 25. Juni 1878 zu Cassel (1927), Kaulbachstr. 12 G.G.

Dr. Eduard Eichmann, Geh. Reg.-Rat, o. Univ.-Professor für Kirchenrecht, geb. 14. Februar 1870 zu Hagenbach a/Rh. (1927), Schellingstraße 2/0.

Dr. Karl Alexander v. Müller, o. Univ.-Professor für bayer. Landesgeschichte, geb. 20. Dez. 1882 zu München (1928), Mauerkircherstraße 12/IV.

Dr. Arnold Oskar Meyer, o. Univ.-Professor für neuere Geschichte, geb. 20. Oktober 1877 zu Breslau (1929), Widenmayerstr. 26/III.

Ausserordentliche Mitglieder:

Dr. Ludwig Quidde, Preuß. Professor, geb. 23. März 1858 zu Bremen (1892), Gedonstr. 4/I.

Dr. Georg Hager, Geh. Reg.-Rat, Generalkonservator a. D., geb. 20. Okt. 1863 zu Nürnberg (1911), Kochstr. 18/II.

Mathematisoh-naturwissenschaftliche Abteilung.

Ordentliche Mitglieder:

Dr. Richard Ritter v. Hertwig, Geh. Rat, o. Univ.-Professor für Zoologie und vergleichende Anatomie, geb. 23. Sept. 1850 zu Friedberg (o. 1889, a. o. 1885), Tengstr. 17/II.

Dr. Aurel Voss, Geh. Rat, o. Univ.-Professor für Mathematik, geb. 7. Dez. 1845 zu Altona (o. 1889, a. o. 1886), Habsburgerstr. 1/II.

Dr. Walther Ritter v. Dyck (o. 1892, a. o. 1890), s. Klassensekretär S. 31.

Dr. Karl Ritter v. Goebel (o. 1892), s. Klassensekretär S. 31.

Dr. Ferdinand Lindemann, Geh. Rat, o. Univ.-Professor für Mathematik, geb. 12. April 1852 in Hannover (o. 1895, a. o. 1894), Kolbergerstr. 11/II r.

Dr. Alfred Pringsheim, Geh. Hofrat, o. Univ.-Professor für Mathematik, geb. 2. Sept. 1850 zu Ohlau, Schlesien (o. 1898, a. o. 1894), Arcisstr. 12.

Dr. Karl Ritter v. Linde, Geh. Rat, Honorarprofessor für angewandte Thermodynamik an der Techn. Hochschule, geb. 11. Juni 1842 zu Berndorf (o. 1901, a. o. 1896), Heilmannstr. 17.

Dr. Sebastian Finsterwalder, Geh. Rat, o. Professor für Mathematik an der Techn. Hochschule, geb. 4. Okt. 1862 zu Rosenheim (o. 1903, a. o. 1899), Flüggenstr. 4.

Dr. Erwin Voit, Geh. Rat, o. Univ.-Professor für Physiologie und Diätetik, geb. 16. Dez. 1852 zu München (o. 1909, a. o. 1903), Bauerstraße 28/III.

Dr. Arnold Sommerfeld, Geh. Hofrat, o. Univ.-Professor für theoretische Physik, Direktor des Instituts für theoretische Physik, geb. 5. Dez. 1868 zu Königsberg i. Pr. (o. 1910, a. o. 1908), Leopoldstr. 87/III.

Dr. Siegfried Mollier, Geh. Medizinalrat, o. Univ.-Professor für Anatomie, insbesondere für Histologie und Entwicklungsgeschichte, Vorstand der Anatomischen Anstalt, geb. 19. Juli 1866 zu Triest (o. 1911, a. o. 1908), Vilshofenerstr. 10.

Dr. Erich v. Drygalski, Geh. Regierungsrat, o. Univ.-Professor für Geographie, geb. 9. Febr. 1865 zu Königsberg i. Pr. (o. 1912, a. o. 1909), Gaußstr. 6.

Dr. Otto Frank, Geh. Hofrat, o. Univ.-Professor für Physiologie, Direktor des Physiologischen Instituts, geb. 21. Juni 1865 zu Großumstadt, Hessen (o. 1912, a. o. 1909), Haydnstr. 5/II.

Dr. und Dipl.-Ing. h. c. Max Schmidt, Geh. Rat, o. Professor für Geodäsie und Topographie an der Techn. Hochschule, geb. 17. März 1850 zu Tambach (o. 1913, a. o. 1911), Franz Josephstr. 13/III.

Dr. Richard Willstätter, Geh. Rat, o. Univ.-Professor für Chemie, geb. 13. Aug. 1872 zu Karlsruhe (o. 1916, korr. 1914), Möhlstr. 29.

Dr. Robert Emden, a. o. Professor für Physik und Meteorologie an der Techn. Hochschule, geb. 4. März 1862 zu St. Gallen (o. 1920, a. o. 1916), Habsburgerstr. 4/0.

Dr. Jonathan Zenneck, Geh. Reg.-Rat, o. Professor für Experimentalphysik an der Technischen Hochschule, geb. 15. April 1871 zu Ruppertshofen, Württemberg (o. 1920, a. o. 1917), Gedonstr. 6/III.

Dr. Ernst Frhr. Stromer v. Reichenbach, Honorar-Professor für Paläontologie und Geologie an der Universität, Abteilungsdirektor an der Staatssammlung für Paläontologie und historische Geologie, geb. 12. Juni 1871 zu Nürnberg (o. 1921, a. o. 1916), Galeriestr. 22/III r.

Dr. Ferdinand Broili, o. Univ.-Professor für Paläontologie und Geologie, Direktor der Staatssammlung für Paläontologie und historische Geologie, geb. 11. April 1874 zu Mühlbach bei Karlstadt a/M. (o. 1921, a. o. 1919), Wagmüllerstr. 19/III.

Dr. Otto Hönigschmid, o. Univ.-Professor für analytische Chemie, geb. 13. März 1878 zu Horowitz, Böhmen (o. 1921, a. o. 1919), Arcisstr. 1.

Dr. Erich Kaiser, Geh. Reg.-Rat, o. Univ.-Professor für Geologie, Direktor der Staatssammlung für allgemeine und angewandte Geologie, geb. 31. Dezember 1871 zu Essen (1921), Adalbertstr. 100/II.

Dr. Ludwig Döderlein, Geh. Reg.-Rat, Honorarprofessor für Zoologie an der Universität, geb. 3. März 1855 zu Bergzabern (1921), Herzogstraße 64/I.

Dr. Georg Faber, Geh. Reg.-Rat, o. Professor für Mathematik an der Technischen Hochschule, geb. 5. April 1877 zu Kaiserslautern (1921), Pienzenauerstr. 12/III.

Dr. Oskar Perron, o. Univ.-Professor für Mathematik, geb. 7. Mai 1880 zu Frankenthal (1924), Friedrich Herschelstr. 11.

Dr. Constantin Carathéodory, Geh. Reg.-Rat, o. Univ.-Professor für Mathematik, geb. 13. September 1873 zu Berlin (1925), Rauchstr. 8.

Dr. Heinrich Wieland, Geh. Reg.-Rat, o. Univ.-Professor für Chemie, Direktor des Chemischen Laboratoriums des Staates, geb. 4. Juni 1877 zu Pforzheim (1916), Arcisstr. 1.

Dr. Alexander Wilkens, o. Univ.-Professor für Astronomie, Direktor der Sternwarte, geb. 23. Mai 1881 zu Hamburg (1926), Sternwartstraße 15.

Dr. Hans Fischer, Geh. Reg.-Rat, o. Professor für organische Chemie an der Technischen Hochschule, geb. 27. Juli 1881 zu Höchst a. M. (1926), Bavariaring 32/II.

Dr. Karl Ritter v. Frisch, o. Univ.-Professor für Zoologie und vergleichende Anatomie, Direktor des Zoologischen Instituts, geb. 20. November 1886 zu Wien (1926), Über der Klause 10.

Dr. Kasimir Fajans, o. Univ.-Professor für physikalische Chemie, geb. 27. Mai 1887 zu Warschau (1927), Prinzregentenstr. 54.

Dr. Max Borst, Geh. Medizinalrat, o. Univ.-Professor für allgemeine Pathologie und pathologische Anatomie, Vorstand des Pathologischen Instituts, geb. 19. November 1869 zu Würzburg (1928), Widenmayerstraße 46/0 r.

Dr. Walter Straub, Geh. Hofrat, o. Univ.-Professor für Pharmakologie, Vorstand des Pharmakologischen Instituts, geb. 8. Mai 1874 zu Augsburg (1928), Nußbaumstr. 28/II.

Dr. Wilhelm Manchot, Geh. Reg.-Rat, o. Professor für anorganische Chemie an der Technischen Hochschule, geb. 5. August 1869 zu Bremen (1929), Elisabethstr. 10/III.

Dr. Heinrich Tietze, Geh. Reg.-Rat, o. Univ.-Professor für Mathematik geb. 31. August 1880 zu Schleinz, N.-Ö. (1929), Lessingstr. 3.

Dr. Walter Gerlach, o. Univ.-Professor für Experimentalphysik, Direktor des Physikalisch-metronomischen Instituts, geb. 1. August 1889 zu Biebrich a. Rh. (1930), Leopoldstr. 6/II.

Auswärtige und korrespondierende Mitglieder

nach den zwei Abteilungen (bzw. Klassen oder Gruppen derselben), in alphabetischer Ordnung.

Die Zahl vor dem Namen bezeichnet das Jahr der Wahl in die Akademie

Die auswärtigen Mitglieder sind mit * bezeichnet.

I. Philosophisch-historische Abteilung.

Philosophisch-philologische Klasse:

1912 Behaghel Otto, Gießen
1928 Bell Harold Idris, London
1927 Beneschewitsch Wladimir, Leningrad
*1909 Bissing Friedrich Wilhelm Freih. v., Oberaudorf
1911 Bulle Heinrich, Würzburg
1910 Cumont Franz, Rom
1896 Erman Adolf, Berlin
1901 Evans Sir Arthur J., Oxford
1930 Filow Bogdan, Sofia
1929 Gardiner Alan Henderson, London
1888 Geiger Wilhelm, Neubiberg
1900 Götz Georg, Jena
1899 Grünwedel Albert, Lenggries b. Bad Tölz
1922 Hatzidakis Georgios Nikolaos, Athen

1912 Hülsen Christian, Florenz
1909 Hunt Arthur, Oxford
1905 Husserl Edmund, Freiburg im Breisgau
1907 Jacob Georg, Kiel
1909 Jacobi Hermann, Bonn
1886 Jolly Julius, Würzburg
1910 Kenyon Frederick George, London
1919 Kretschmer Paul, Wien
1903 Lenel Otto, Freiburg i. Br.
1892 Luchs August, Erlangen
1928 Much Rudolf, Wien.
1929 Nilsson Nils Martin Persson, Lund
*1879 Nöldeke Theodor, Karlsruhe
1904 Omont Henri, Paris
1928 Pasquali Giorgio, Florenz

1927 Petersen Julius, Berlin
1917 Rickert Heinrich, Heidelberg
1922 Schröder Edward, Göttingen
1918 Schulze Wilhelm, Berlin
1919 Sethe Kurt, Berlin
1889 Sievers Eduard, Leipzig
1895 Söderwall Knut Fredrik,
Lund
1913 Stählin Otto, Erlangen

*1890 Stumpf Carl, Berlin
1919 Thurneysen Rudolf, Bonn
1928 Turner Cuthbert Hamilton,
Oxford
1893 Vitelli Girolamo, Florenz
1904 Wilamowitz-Moellen-
dorff Ulrich v., Berlin
1917 Wissowa Georg, Halle a. S.
1908 Zielinski Thaddäus, Warschau.

Historische Klasse:

1930 Andreades A. M., Athen
1910 Bernheim Ernst, Greifswald
1930 Brackmann Albert, Berlin
1919 Brandenburg Erich,
Leipzig
1895 Bücher Karl, Leipzig
1904 D'Avenel Georges, Vicomte,
Paris
*1909 Davidsohn Robert, Florenz
1882 Dehio Georg Gottfried,
Tübingen
1918 Dopsch Alfons, Wien
1919 Ehrhard Albert, Bonn
*1918 Ehrle Franz, Rom
1903 Fester Richard, München
1909 Finke Heinr., Freiburg i.Br.
1904 Goetz Walter, Leipzig
1919 Hansen Joseph, Köln
1897 Harnack C. G. Adolf v.,
Berlin
1930 Hiller v. Gaertringen
Friedrich Wilh. Freih., Berlin
1914 Hintze Otto, Berlin
1929 Jaksch August Ritter v.
Wartenhorst, Klagenfurt
1919 Kehr Paul, Berlin
1890 Lenz Max Berlin

1906 Luschin Arnold, Ritter von
Ebengreuth, Graz
*1898 Marcks Erich, Berlin
1911 Meinecke Friedrich, Berlin
1895 Meyer Eduard, Berlin
1890 Meyer v. Knonau Gerold,
Zürich
1888 Müller Karl Ferd. Friedr. v.,
Tübingen
1898 Oberhummer Eugen, Wien
*1924 Oncken Hermann, Berlin
1908 Ottenthal Emil v., Wien
1902 Pais Ettore, Rom
1909 Redlich Oswald, Wien
1930 Sanctis Gaetano de, Turin
1913 Schanz Georg v., Würzburg
1929 Schlosser Julius, Wien
1912 Schulte Alois, Bonn
1929 Srbik Heinrich v., Wien
1906 Strzygowski Joseph, Wien
1917 Stutz Ulrich, Berlin
1884 Ulmann Heinrich, Darmstadt
1911 Valois Noël, Paris
1908 Venturi Adolfo, Rom
1903 Vischer Robert, Wien
*1915 Wilcken Ulrich, Berlin
1917 Wlassak Moriz, Wien
*1912 Wölfflin Heinrich, Zürich.

II. Mathematisch-naturwissenschaftliche Abteilung.

Astronomie und Geodäsie.

1911 Bauschinger Julius, Leipzig
1927 Eddington Arthur Stanley, Cambridge

1927 Einstein Albert, Berlin
1930 Harzer Paul, Kiel
1922 Wolf Max, Heidelberg.

Mathematik.

1926 Bohr Harald, Kopenhagen
*1882 Brill Alexander v., Tübingen
1927 Hardy Godfrey Harold, Oxford
1903 Hilbert David, Göttingen

1927 Hölder Otto, Leipzig
1917 Liebmann Heinrich, Heidelberg.
1930 Pincherle Salvatore, Bologna
1927 Schur Friedrich, Breslau.

Physik.

1926 Bohr Niels, Kopenhagen
1924 Debye Peter, Zürich
1912 Nernst Walter, Berlin
1924 Oseen Wilhelm, Upsala
1922 Paschen Friedrich, Berlin
1911 Planck Max, Berlin

1911 Rutherford Ernest, Manchester
1907 Thomson, Sir Joseph John, Cambridge (England)
1905 Warburg Emil, Charlottenburg.

Chemie.

1928 Angeli Angelo, Florenz
1930 Bredig Georg, Karlsruhe
1929 Dimroth Otto, Würzburg
1925 Euler-Chelpin Hans August v., Stockholm
1884 Fischer Otto, Erlangen
1917 Haber Fritz, Berlin
1910 Hofmann Karl, Charlottenburg

1910 Paternò di Sessa Emanuele, Rom
1928 Robinson Robert, Manchester
1925 Schlenk Wilhelm, Berlin
1918 Wegscheider Rudolf, Wien
1927 Windaus Adolf, Göttingen.

Physiologie.

1929 Barger Georges, Edinburgh
1916 Frey Max v., Würzburg
1929 Hammarsten Olaf, Upsala

1928 Hopkins F. G., Cambridge
1914 Rubner Max, Berlin.

Zoologie und Anatomie.

1924 Fick Rudolf, Berlin
1925 Goldschmidt Richard, Berlin
1924 Heider Karl, Berlin
1928 Hochstetter Ferdinand, Wien
1924 Korschelt Eugen, Marburg
1927 Morgan Thomas Hunt, New York

1922 Ramon y Cajal Santiago, Madrid
1925 Spemann Hans, Freiburg i. Br.
1924 Weber Max, Amsterdam
1910 Wilson Edmond Beecher, New-York.

Botanik.

1909 Bower Frederick Orpen, Ripon, Yorkshire
1924 Correns Karl, Berlin
1902 Engler Adolf Gustav Heinrich, Berlin
1913 Haberlandt Gottlieb, Berlin
1924 Molisch Hans, Wien

1928 Murbeck Svante, Lund
1909 Prain David, Warlingham, Surrey
1900 Vries Hugo de, Lunteren (Holland)
1914 Wettstein Richard, Ritter von Westersheim, Wien
1926 Winkler Hans, Hamburg.

Mineralogie, Geologie und Paläontologie.

1898 Barrois Charles, Lille
1913 Becke Friedrich J. K., Wien
1902 Brøgger Waldemar Christofer, Oslo
1928 Dollo Louis, Brüssel
1918 Heim Albert, Zürich
1899 Karpinskij Alexander, Leningrad

1910 Miers Henry Alexander, London
1910 Osborn Henry Fairfield, New-York
1919 Salomon Wilhelm, Heidelberg.
1910 Scott Dukinfield Henry, London
1912 Willis Bailey, Chicago.

Anthropologie und Prähistorie.

1924 Boas Franz, New-York

1924 Obermaier Hugo, Madrid.

Erdkunde.

1929 Meinardus Wilhelm, Göttingen
1926 Passarge Siegfried, Hamburg

1909 Penck Albrecht, Berlin
1926 Sapper Karl, Würzburg.

I. Akademische Kommissionen
bei der Bayerischen Akademie der Wissenschaften.

[Die Adresse der Kommissionen ist, soweit nicht anders vermerkt:
Neuhauserstraße 51]

I. Historische Kommission.

Personalstand.

Ordentliche Mitglieder:

Marcks Erich, Berlin 1914, Präsident

Müller Karl Alexander v., München 1923 (a. o. 1916), Sekretär

Meyer v. Knonau Gerold, Zürich 1894

Lenz Max, Berlin 1894

Quidde Ludwig, München 1907 (a. o. 1887)

Redlich Oswald, Wien 1908

Goetz Walter, Leipzig 1913 (a. o. 1911)

Brandenburg Erich, Leipzig 1913 (a. o. 1911)

Meinecke Friedrich, Berlin 1916

Schulte Alois, Bonn 1916

Kehr Paul, Berlin 1917

Hansen Josef, Köln 1917

Oncken Hermann, Berlin 1920

Dopsch Alfons, Wien 1920

Leidinger Georg, München 1920 (a. o. 1916)

Finke Heinrich, Freiburg i. B. 1925

Brandi Karl, Göttingen 1927

Baechtold Hermann, Basel 1927 (a.o. 1923)

Strieder Jakob, München 1927 (a.o. 1923).

Brackmann Albert, Berlin 1928

Srbik Heinrich v., Wien 1928

Meyer Arnold Oskar, München 1928

Nabholz Hans, Zollikon 1928

Ausserordentliches Mitglied:

Schellhaß Karl, München 1923.

Hilfsarbeiter:

Dr. Bastian Franz, Dr. Heins Walter, Dr. Volk Julius, Dr. Weigel Helmut, Dr. Grundmann Herbert, Dr. Baron Hans.

2. Kommission für bayerische Landesgeschichte.

Adresse: Ludwigstr. 23, Staatsbibliothek Tel. 23885.

Personalstand.

Ordentliche Mitglieder:

Abert Joseph, Würzburg
Beyerle Konrad, München
Chroust Anton, Würzburg
Clauß Hermann, Gunzenhausen
Dirr Pius, München
Günter Heinrich, München
Hager Georg, München
Halm Philipp Maria, München
Heidingsfelder Franz, Regensburg
Heuwieser Max, Passau
Leidinger Georg, München,
    1. Vorstand

Müller Karl Alexander v., München,
    Schriftführer
Pfeiffer Albert, Speyer
Pfeilschifter Georg, München
Reicke Emil, Nürnberg
Reinecke Paul, München
Riedner Otto, München,
    2. Vorstand
Schmeidler Bernhard, Erlangen
Schornbaum Karl, Roth
Schreibmüller Hermann, Ansbach
Sprater Friedrich, Speyer.

Auswärtiges Mitglied:

Oncken Hermann, Berlin.

Ausserordentliche Mitglieder:

Bigelmair Andreas, Dillingen

Striedinger Ivo, München.

3. Aegina-Kommission.

Personalstand.

Schwartz Eduard, Vorsitzender
Otto Walter
Rehm Albert

Sieveking Johannes
Wolters Paul.

4. Mitglieder der Zentraldirektion der Monumenta Germaniae historica.

Personalstand.

Leidinger Georg

Grabmann Martin.

5. Kommission für die Herausgabe des Thesaurus linguae latinae.

Personalstand.

Mitglieder der Kommission:

Dittmann, Georg seit 1924 (Generalredaktor seit 1912)
Stroux, Johannes seit 1927.

Thesaurusbüro:

Adresse: Thierschstr. 11/IV.

Dittmann Dr. Georg, Prof., Generalredaktor
Redaktoren: Prof. Dr. O. Hey, Dr. J. B. Hofmann
Wissenschaftliche Mitarbeiter: Dr. W. Bannier, Sekretär,
 Dr. E. Brandt, Dr. Gustav Meyer, Dr. Ida Kapp
Kanzleiangestellte: E Hüttinger, J. G. Obeltshauser.

6. Kommission für die Herausgabe einer Enzyklopädie der mathematischen Wissenschaften

mit Einschluß ihrer Anwendungen.

Personalstand.

Dyck Dr. Walther v., München, Vorsitzender
Hölder Otto, Leipzig
Planck Max, Berlin
Wirtinger Wilhelm, Wien.

7. Kommission für die Herausgabe der Bibliothekskataloge des Mittelalters.

Personalstand.

Leidinger Georg, Vorsitzender   Grabmann Martin
 Generalredaktor: Lehmann Paul.

8. Kommission für das Corpus griechischer Urkunden.

Personalstand.

Heisenberg August   Schwartz Eduard
Rehm Albert   Wenger Leopold
Wissenschaftlicher Hilfsarbeiter: Dr. Dölger Franz.

9. Kommission für die Herausgabe von Wörterbüchern der bayerischen Mundarten.

Adresse: Ludwigstr. 24, Tel. 25072.

Personalstand.

Kraus Carl v.. 1. Vorsitzender
Berneker Erich, 2. Vorsitzender
Amira Karl v.

Brecht Walter
Förster Max.

Beamte der Wörterbuchkanzlei in München:

Wissenschaftlicher Beamter: Dr. Lüers Friedrich
Kanzleibeamter (Registrator): R. Dittweiler
Kanzleiaushilfen: cand. phil. Augusta Ritter,
Ingeborg Hartmann.

Beamte der Wörterbuchkanzlei in Kaiserslautern:

Wissenschaftlicher Beamter: E. Christmann
Kanzleigehilfinnen: Lilli Silberhorn, Gertrud Müller.

10. Kommission für Höhlenforschung in Bayern.

Personalstand.

Schwartz Eduard, Vorsitzender
Broili Ferdinand
Birkner Ferdinand, Univ.-Professor

Hager Georg
Müller Karl Alex. v.
Schlosser Max, Professor u.
Hauptkonservator a. D.

11. Bayer. Kommission für die internationale Erdmessung.

Personalstand.

Schwartz Eduard, Vorsitzender
Schmidt Max, Sekretär und Stellvertreter des Vorsitzenden
Dr. ing. Clauß Gustav, Oberreg.-Rat
des Landesvermessungsamtes

Finsterwalder Sebastian
Großmann Ernst, Haupt-
observator u. Abt.-Leit. a. D.
Wilkens Alexander

Observator: Dr. Schütte Karl
Oberwerkführer: Bode Franz.

II. Verwaltungskommissionen
für die Stiftungen und Schenkungsfonds der Akademie.

[Adresse, soweit nicht anders vermerkt: Neuhauserstr. 51, Tel. 93679.]

I. Dispositionsfond des Präsidenten.

Verfügungsberechtigt: Der Präsident.

2. Mannheimer Akademischer Reservefond.

Verfügungsberechtigt: Der Ausschuß der Akademie unter Genehmigung
durch das Ministerium.

3. Savigny-Stiftung.
Kommission:

Amira Karl v., Vorsitzender   Lotz Walter   Wenger Leopold.

4. Zographos-Thereianos-Stiftung.
Kommission:

Wolters Paul, Vorsitzender   Rehm Albert
Heisenberg August   Schwartz Eduard
Otto Walter   Wenger Leopold.

5. Hardy-Stiftung.
Kommission:

Schwartz Eduard, Vorsitzender   Sommer Ferdinand
Otto Walter   Wolters Paul.
Scherman Lucian

6. Friedrich Marx-Stiftung.
Kommission:

Wolters Paul, Vorsitzender   Otto Walter   Rehm Albert.

7. Schenkungsfond des Museums für Völkerkunde.

Adresse: Maximilianstr. 26, Tel. 263 18.

Verfügungsberechtigt: Der Direktor des Museums für Völkerkunde.

8. Samson-Stiftung.

Kommission:

Goebel Karl v., Vorsitzender	Voit Erwin
Mollier Siegfried stellvertr. Vors.	Frank Otto
Schwartz Eduard	Borst Max
Wolters Paul	Frisch Karl v.
Wenger Leopold	Amira Karl v.
Hertwig Richard v.	Müller Karl Alex. v.

9. Liebig-Stiftung.

Kuratorium:

Schwartz Eduard, Vorsitzender	Lotz Walter
Goebel Karl v., Vertreter des Vors.	Fehr Anton, Prof., Staatsminister
Wieland Heinrich	

Liebig Hans Frhr. v., Professor, Bernried, als Vertreter der Familie.

Ferner der gegenwärtige Inhaber der goldenen Liebig-Medaille:
Dr. Rubner Max, Geh. Medizinalrat, Professor, Berlin.

10. Münchener Bürger-Stiftung.

Kommission:

Schwartz Eduard, Vorsitzender	Hertwig Richard v.
Goebel Karl v.	Zenneck Jonathan.
Dyck Walther v.	

11. Cramer-Klett-Stiftung.

Kommission;

Schwartz Eduard, Vorsitzender	Hertwig Richard v.
Goebel Karl v.	Zenneck Jonathan.
Dyck Walther v.	

12. Koenigs-Stiftung zum Adolf von Baeyer-Jubiläum.

Kommission:

Schwartz Eduard, Vorsitzender	Hönigschmid Otto
Goebel Karl v.	Wieland Heinrich
Fajans Kasimir	Willstätter Richard.
Fischer Hans	

13. Wilhelm Koenig-Stiftung.

Kommission:

Schwartz Eduard, Vorsitzender   Goebel Karl v.   Hertwig Richard v.

14. Heinrich von Brunck-Stiftung.

Kommission:

Schwartz Eduard, Vorsitzender   Hönigschmid Otto
Goebel Karl v.   Wieland Heinrich
Fajans Kasimir   Willstätter Richard.
Fischer Hans

15. Dapper-Saalfels-Stiftung.

Kommission:

Schwartz Eduard, Vorsitzender   Goebel Karl v.
Döderlein Ludwig   Hertwig Richard v.
Frank Otto   Mollier Siegfried
Frisch Karl v.   Voit Erwin.

16. Paul von Groth-Stiftung.

Adresse: Neuhauserstr. 51, Tel. 93897.
Verfügungsberechtigt: Der Direktor der Mineralogischen Sammlung.

17. Harry Brettauer-Spende.

Adresse: Arcisstr. 1, Tel. 50111.
Verfügungsberechtigt: Der Direktor des Chemischen Laboratoriums.
Die Stiftung ruht zur Zeit.

18. Soyter-Ostenrieder-Stiftung.

Adresse: Menzingerstr. 13, Tel. 60671.
Verfügungsberechtigt: Der Direktor des botanischen Gartens.

19. Radlkoferscher Schenkungsfond.

Adresse: Menzingerstr. 13, Tel. 60671.
Verfügungsberechtigt: Der Direktor des botanischen Gartens im Benehmen mit der Verwaltung der wissenschaftlichen Sammlungen des Staates.

20. Fond für botanische Zwecke bei der Verwaltung der wissenschaftlichen Sammlungen des Staates.

Adresse: Menzingerstr. 13, Tel. 60671.

Verfügungsberechtigt: Der Direktor des botanischen Gartens.

21. Bluntschli-Stiftung.

Die Stiftung ruht zur Zeit.

III. Vertreter der Akademie.

1. Beirat des Kaiser Wilhelm-Instituts
(Abteilung Chemie).

Willstätter Richard.

(Abteilung Biologie).

Hertwig Richard v.

2. Vertreter der Akademie und der historischen Kommission im Redaktionsausschuss der deutschen biographischen Jahrbücher.

Dyck Walther v.　　　　　Marcks Erich.

3. Vertreter der Akademie für das Poggendorff'sche biographisch-literarische Handwörterbuch.

Dyck Walther v.

4. Vertreter der Akademie für das Ägyptische Wörterbuch.

Spiegelberg Wilhelm.

5. Vertreter der Akademie bei der Kommission für das deutsche Institut für ägyptische Altertumskunde zu Kairo.

Spiegelberg Wilhelm.

6. Vertreter der Akademie für die Notgemeinschaft der deutschen Wissenschaft.

Dyck Walther v.

Berichte und Protokolle

akademischer Kommissionen.

Bericht über die 67. Vollversammlung der Historischen Kommission bei der Bayer. Akademie der Wissenschaften, abgehalten zu München am 23., 24. und 25. September 1929

Erschienen waren von Auswärtigen die Herren Marcks, Meinecke, Kehr und Oncken aus Berlin, Dopsch und v. Srbik aus Wien, Goetz und Brandenburg aus Leipzig, Schulte aus Bonn, Hansen aus Köln, Finke aus Freiburg i. Br., Brandi aus Göttingen, Baechtold aus Basel, Nabholz aus Zollikon; aus München nahmen Teil die Herren Quidde, Joachimsen, Strieder, Meyer und der unterzeichnete Sekretär. Verhindert waren die Herren Meyer v. Knonau, Lenz, Redlich, Leidinger, Brackmann und Schellhaß. Den Vorsitz führte der Präsident Herr Marcks.

Neuwahlen von Mitgliedern fanden in diesem Jahr nicht statt.

Unternehmungen.

Für die geplante Neubearbeitung der Allgemeinen Deutschen Biographie (s. Bericht über die 66. Vollversammlung; Vertreter die Herren Oncken und Hansen) ist die Kostenfrage noch nicht gelöst.

Von dem durch den Verband der Deutschen Akademien und die Historische Kommission (Vertreter Herr Marcks) gemeinsam unterstützten Deutschen Biographischen Jahrbuch ist Band IV (1922) erschienen, der Jahrgang 1928 in Arbeit.

Für die Frage einer ev. Neubelebung oder Ergänzung der

4*

Geschichte der Wissenschaften in Deutschland wurde ein Unterausschuß aus den Herren Baechtold, Brandi und Oncken eingesetzt, der bis zur nächsten Vollversammlung berichten soll.

In der Abteilung Deutsche Städtechroniken (Leiter Herr Hansen) ist im Berichtsjahr erschienen Bd. 9 (Schlußband) der Augsburger Städtechroniken (bearbeitet von Herrn Prof. Dr. Fr. Roth). Die Bearbeitung des Sachregisters für sämtliche 9 Bände der Augsburger Chroniken (durch Herrn Dr. Bastian) ist in Angriff genommen. Das Manuskript der Lüneburger Chroniken (Bearbeiter Herr Archivrat Dr. Reinecke in Lüneburg) liegt druckfertig vor. Die Bearbeitung der Bremer Chroniken ist durch den Tod Herrn Prof. Dr. Lüttichs unterbrochen worden. Die Bearbeitung der Stralsunder und Rostocker Chroniken (durch Herrn Prof. Hofmeister-Greifswald und Herrn Archivrat Dragendorf) ist im Gang.

In der Abteilung der Jahrbücher des Deutschen Reiches (Leiter Herr Kehr) hat Herr Prof. Dr. A. Hessel-Göttingen das Manuskript für die Jahrbücher Albrechts vorgelegt. In Bearbeitung sind die Jahrbücher Ottos III. (Frl. Dr. Mathilde Uhlirz-Graz), Friedrichs I. (Herr Prof. Dr. Fedor Schneider-Frankfurt a. M.) und Adolfs (Herr Prof. Dr. Hessel-Göttingen).

In der Sammlung der Deutschen Reichstagsakten älterer Serie (Leiter Herr Quidde) liegt Bd. 14 (aus dem Nachlaß Herrn Prof. Beckmanns, bearbeitet von Herrn Privatdozenten Dr. Weigel-Erlangen) im Manuskript abgeschlossen vor. Die Arbeiten an Bd. 17 wurden von Herrn Dr. Kaemmerer-Aachen, an den Supplementen von Herrn Quidde fortgesetzt. Die Arbeit an der im Vorjahr neu beschlossenen mittleren Serie (ab 1486; Leiter Herr Joachimsen) ist von Herrn Privatdozenten Dr. Hans Baron-Berlin begonnen worden. In der jüngeren Serie der Reichstagsakten (Leiter Herr Brandenburg) liegen Band 7 (bearbeitet von Herrn Prof. Dr. Kühn-Dresden) und Band 5 (bearbeitet von Herrn Dr. Volk-München) im Druckmanuskript vor; die noch notwendige Ergänzung der Materialsammlung für Bd. 6 wurde durch Herrn Dr. Grundmann-Leipzig begonnen. — Die von Herrn Prof. Beer-Wien bearbeitete Reformatio Sigismundi soll nach ihrer endgültigen Fertigstellung als Beiheft der Reichstagsakten älterer Serie erscheinen.

In der Serie der Briefe und Akten zur Geschichte des Dreißigjährigen Krieges (Leiter Herr Goetz) hat Herr Dr. Frantz-Leipzig die Bearbeitung der Jahre 1618—20, Herr Dr. Erbe-München die der Jahre 1627—29 fortgeführt, Herr Staatsarchivar Dr. Heins-Coburg die der Jahre 1630—32 wieder aufgenommen.

In der Sammlung der Handelsbücher wird die im Druck befindliche Veröffentlichung Herrn Strieders „Aus Antwerpener Notariatsarchiven" im kommenden Jahr erscheinen können. Für die Ausgabe des druckfertig vorliegenden Regensburger Runtingerbuches (Bearbeiter Herr Dr. Franz Bastian-München) schweben noch Verhandlungen über die notwendigen Druckzuschüsse. Die Bearbeitung der Handelsakten der Familie Baumgartner durch Herrn Archivar Dr. Karl Otto Müller-Ludwigsburg ist im Gang. In Aussicht genommen wurde die Ausgabe eines Geschäftsbuches der Nürnberger Patrizierfamilie der Holzschuher und der Notariatsurkunden des Augsburger Juristen Joh. Spreng.

Deutsche Geschichtsquellen des 19. Jahrhunderts. Erschienen ist im Berichtsjahr der zweibändige Briefwechsel von Jos. Gust. Droysen (herausgegeben von Herrn Geheimrat Dr. Hübner-Jena). Im Druck ist der ausgewählte Briefwechsel Rudolf Hayms (herausgegeben von Herrn Dr. Hans Rosenberg-Berlin). In Bearbeitung sind: Quellen zur Geschichte der deutschen Politik Österreichs von 1859-1866 (von Herrn v. Srbik, 5 Bde.), der dritte Band der Denkwürdigkeiten des Fürsten Chlodwig zu Hohenlohe-Schillingsfürst durch den Unterzeichneten, der allgemeine politische Briefwechsel des Generals Leopold von Gerlach durch Herrn Archivar Dr. Otto Koser-Frankfurt a. M., die Briefe und Denkwürdigkeiten der Brüder Camphausen durch Herrn Hansen. Eingeleitet wurde das neue Unternehmen einer Bearbeitung der Deutschen Zollvereinsakten (1815—1866, gemeinsam mit der Friedrich-List-Gesellschaft; Vertreter Herr Oncken). Genehmigt wurde der Plan einer Ausgabe der Signate König Ludwigs I. von Bayern (durch den Unterzeichneten; gemeinsam mit der Kommission für Bayer. Landesgeschichte). Ferner wurde beschlossen, zur Veröffentlichung kleinerer Privatnachlässe und Quellenbestände gemeinsam mit der Historischen Reichskommission in Berlin die Herausgabe eines jährlich er-

scheinenden „Historisch-politischen Archivs" zu begründen
(Schriftleiter Herr Archivrat Dr. Ludwig Dehio-Berlin); in dieses
soll auch die im Vorjahr angenommene Arbeit von Herrn Archivrat Dr. Endler-Neustrelitz über den deutschen Gedanken bei den
mecklenburgischen Verwandten der Königin Luise aufgenommen
werden.

München, im Mai 1930
Mauerkircherstr. 12

Der Sekretär: K. A. v. Müller.

Kommission für bayerische Landesgeschichte.

Verordnung über die Kommission für bayerische Landesgeschichte.

(Gesetz- und Verordnungsblatt 1929 S. 84.)

Nr. V 26274).

Staatsministerien des Äußern, der Justiz, des Innern, für Unterricht und Kultus, der Finanzen und für Landwirtschaft und Arbeit.

§ 4 der Verordnung über die Errichtung einer Kommission für bayerische Landesgeschichte vom 31. Mai 1927, Gesetz- und Verordnungsblatt S. 199 erhält folgende Zusätze:

Als Abs. II: „Ein ordentliches Mitglied, das seinen Wohnsitz außerhalb Bayerns verlegt, wird damit auswärtiges Mitglied mit den Rechten eines außerordentlichen Mitgliedes".

Als Absatz III: „Ordentliche Mitglieder, die das 70. Lebensjahr vollendet haben, werden in die in Abs. I vorgesehene Höchstzahl der ordentlichen Mitglieder nicht eingerechnet".

München, den 27. Juni 1929.

Dr. Held. Gürtner.

Dr. **Stützel.**   **Goldenberger.**   Dr. **Schmelzle.**   I. V.: **Lang.**

Bericht über die dritte Gesamtsitzung der Kommission

am Montag, den 29. April 1929, vorm. 9 Uhr im Sitzungssaal II der Akademie der Wissenschaften zu München.

Anwesend waren die Herren: Riedner als 2. Vorstand, der den Vorsitz führte, Leidinger als Schriftführer, Abert, Beyerle, Chroust, Dirr, Günter, Hager, Halm, Heidingsfelder, Heuwieser, v. Müller, Oncken, Pfeiffer, Reicke, Schmeidler, Schnorr von Carolsfeld, Schornbaum, Schreibmüller und Sprater als ordentliche Mitglieder, Herr Bigelmaier als außerordentliches Mitglied. Entschuldigt waren die Herren Reinecke und Clauß.

Der Vorsitzende begrüßte die Erschienenen, insbesondere die zum ersten Mal anwesenden Herren Schmeidler und Bigelmaier, und gab einen allgemeinen Bericht über die Tätigkeit des Vorstandes seit der letzten Gesamtsitzung. Diese galt zunächst in erster Linie den Fragen des Verlags und der Druckerei; der Vorstand hat sich grundsätzlich für Selbstverlag entschieden. Eine zweite Aufgabe ist die Festlegung einer möglichst einheitlichen Textgestaltung für die Veröffentlichungen der Kommission. Für die schon im Druck befindlichen Ausgaben wurden vorläufige Abmachungen und Anordnungen getroffen; für die Ausarbeitung allgemeiner Richtlinien wird ein Ausschuß aus den Herren Beyerle, Leidinger, Pfeilschifter und Riedner eingesetzt; der vom Ausschuß vorgeschlagene Entwurf soll den Mitgliedern mitgeteilt, die endgültige Entscheidung auf der nächsten Gesamtsitzung getroffen werden. Die dritte Aufgabe war die Erhöhung der Geldmittel. Der Vorsitzende kann den Dank der Kommission für folgende Zuschüsse aussprechen: 8000 ℳ vom Herrn Ministerpräsidenten, 5000 ℳ von der Notgemeinschaft der Deutschen Wissenschaft, 6000 ℳ von der Stadt Nördlingen (in mehreren Jahresraten fällig), rd. 2000 ℳ vom Historischen Verein für Oberfranken (erst später fällig für eine gemeinsame Druckveröffentlichung).

Der Schriftführer berichtete über die Einnahmen und Ausgaben des Rechnungsjahres 1928/29 und über die für 1929/30 verfügbaren Mittel.

Sodann wurde in die Beratung der einzelnen Unternehmungen eingetreten.

1. Zeitschrift für bayerische Landesgeschichte. Herr Leidinger berichtet: Die Zeitschrift hat sich bisher gut eingeführt, der Selbstverlag hat sich bewährt. Der am 18./26. Juni 1928 mit der Gesellschaft für fränkische Geschichte abgeschlossene Vertrag wird verlesen. Die Bibliographie der Zeitschrift wird künftig mehr gegliedert erscheinen. Es wird grundsätzlich beschlossen, daß Dissertationen in die Zeitschrift und in die Schriftenreihe nur aufgenommen werden dürfen, wenn ein ausdrücklicher Beschluß der Kommission vorliegt.

2. Schriftenreihe zur bayerischen Landesgeschichte. Erschienen ist im vergangenen Berichtsjahr Band 1 „Recht und Verfassung der Stadt Rattenberg im Mittelalter“ von Universitätsprofessor Dr. Ferdinand Kogler-Innsbruck. Im Drucke sind die Arbeiten von P. Winfrid Frh. v. Pöllnitz über „Ludwig I. und Johann Martin v. Wagner“ (Band 2) und die Ausgabe des Pappenheimischen Urbars von Dr. Wilhelm Kraft-Nürnberg. Die Geistesgeschichte Tegernsees im Mittelalter von P. Virgil Redlich (rd. 20 Bogen) und die von Herrn Beyerle vorbereitete Bibliographie zur bayerischen Rechtsgeschichte sind im Manuskript nahezu abgeschlossen. Die Kommission beschließt folgende weitere Arbeiten anzunehmen: a) eine Herausgabe des Briefwechsels des Johann Georg Schelhorn durch den Geh. Kirchenrat Braun; b) eine Arbeit „Bayerns Deutsche Politik 1851—59“ von Dr. Siegmund Meiboom-Göttingen; c) eine Arbeit über den Würzburger Bischof Joh. Phil. Franz v. Schönborn von Dr. Andreas Scherf, Würzburg; d) eine Arbeit über die Entstehung des bayerischen Territorialstaates von Dr. Max Spindler; e) eine Arbeit über die oberdeutschen Kaufleute in den Tiroler Raitbüchern (1288—1359) von Dr. Franz Bastian.

Die Arbeit von Dr. Michael Strich „Zur Geschichte Bayerns im 17. Jahrhundert“ kann wegen ihres Umfanges (rd. 40 Bogen) nur angenommen werden, wenn es gelingt, dafür noch Druckzuschüsse zu gewinnen. Herr von Müller wird beauftragt, bis zur nächsten Gesamtsitzung einen Plan für die Herausgabe der Signatenbücher Ludwigs I. zu erstatten.

3. Monumenta Boica. Der Vorsitzende berichtet: Von Band 50 (Eichstätt) in der Bearbeitung von L. Steinberger und J. Sturm liegen 40 Bogen im Satz, 22 im Reindruck vor; die zeitliche Grenze dieses Bandes wird auf die Jahre 1306—1365 beschränkt, da der Umfang von 800 Seiten für den Band im allgemeinen nicht überschritten werden soll. — Mit dem Druck von Band 48/II (Brandenburger Urbare bis 1500, bearbeitet von Geh. Archivrat J. Petz) soll begonnen werden, sobald Band 50 vollendet ist. Über Band 54 (Regensburger Stadturkunden) wird mit dem Bearbeiter F. Bastian ein neuer Vertrag abgeschlossen.

4. Quellen und Erörterungen zur bayerischen Geschichte. Die Ausgabe der Passauer Traditionen durch Herrn Heuwieser ist im Druck.

5. Sammlung der bayerischen Rechtsquellen.

a) Über die Reihe der Stadtrechte berichten die Herren Beyerle und Dirr: Der 1. Band der Münchener Stadtrechtsquellen von Herrn Dirr (bis 1365) ist im Druck; das Manuskript der Nördlinger Stadtrechtsquellen von Herrn Karl Otto Müller ist abschlußreif. Weitere Bearbeiter für Augsburg und Kempten sind in Aussicht genommen.

b) Über das Verzeichnis der Weistümer und Dorfordnungen berichtet der Vorsitzende: Ein Bearbeiter für Schwaben ist gewonnen, für Ober- und Niederbayern in Aussicht. Das von der Pfälzischen Gesellschaft zur Förderung der Wissenschaften unterstützte neue Verzeichnis der Pfälzer Weistümer, das Herr Pfeiffer vorlegt, ist bereits auf nahezu das Doppelte der früheren Liste von Mayerhofer und Glasschröder angewachsen; man hofft die Vorarbeiten in Bälde abschließen zu können.

c) Verzeichnis der bayerischen Verordnungen. Der Vorsitzende berichtet: Die Sammlung (durch die Herren Dr. Mühlbauer und Dr. Böhmländer) umfaßt bisher 12 500 Zettel; ihre Fertigstellung wird noch mindestens zwei Jahre erfordern.

d) Der Vorsitzende erklärt sich im Einvernehmen mit Herrn Beyerle bereit, eine Ausgabe des Rechtsbuches Ludwigs des Bayern vorzubereiten.

6. Quellen und Darstellungen zur Geschichte der bayerischen Verfassung. Herr von Müller berichtet: Der Bearbeiter für die Konstitution von 1808, Staatsbibliothekar Dr. A. Fischer, war durch dienstliche Inanspruchnahme bisher verhindert, seine Arbeit aufzunehmen. Für den zweiten Band (Verfassungsberatungen von 1814/15) tritt als Bearbeiter an Stelle von Dr. Max Spindler Herr Fritz Zimmermann. Weitere Bearbeiter für die folgenden Bände sind in Aussicht genommen. Die von Herrn Staatsrat Dr. Graßmann hinterlassenen wertvollen Materialien zur Geschichte der bayerischen Verfassung von 1919 sind durch Herrn Oberarchivrat Oberseider vorläufig gesichtet worden; die notwendige Summe zur Abschrift der Stenogramme und Bleistiftaufzeichnungen wird genehmigt.

7. Geschichte der Pfalz unter französischer Herrschaft. Herr Pfeiffer berichtet: Der ursprüngliche, von Herrn Doeberl vorgeschlagene Plan ist aus Gründen der sachlichen und örtlichen Ab-

grenzung schwer durchführbar. Statt seiner wird eine Zusammenstellung aller Quellen zur Geschichte der Pfalz in der Zeit der französischen Revolution in Aussicht genommen.

8. Inventare der nichtstaatlichen Archive und Verzeichnisse der Kirchenbücher. Ein für weitere Vorarbeiten erforderlicher Betrag wird genehmigt.

9. Historischer Atlas von Bayern. Der Vorsitzende berichtet: Im Vordergrund stehen zur Zeit die Arbeiten für den pfälzischen Heimatatlas, dessen Druck womöglich noch Ende 1929 begonnen werden soll.

10. Flurnamensammlung. Der mit dem Verband für Flurnamensammlung in Bayern vereinbarte Vertrag wird von der Kommission mit einer Änderung genehmigt.

Sodann wird der vom Schriftführer aufgestellte Haushaltsplan für 1929/30 angenommen.

Vorschlagsweise wurden von der Kommission gewählt (und hernach durch das Staatsministerium für Unterricht und Kultus ernannt):

a) zum ersten Vorstand Herr Leidinger;

b) zum Schriftführer Herr von Müller.

Zum a. o. Mitglied wurde gewählt:

c) Herr Archivdirektor Honorarprofessor Dr. Ivo Striedinger-München.

Da Herr Leidinger infolge seiner Wahl zum 1. Vorstand die Schriftleitung der Zeitschrift niederlegte, wurde an seiner Stelle Herr Riedner ab Heft 2 des zweiten Jahrgangs mit der Schriftleitung beauftragt.

Weiterhin wurden Beschlüsse gefaßt über Anträge zur Ergänzung der Satzung hinsichtlich Schaffung von „auswärtigen" Mitgliedern und Nichteinrechnung der über 70 Jahre alten ordentlichen Mitglieder (vgl. hiezu die Verordnung vom 27. Juni 1929 oben S. 55).

Nachdem endlich noch bestimmt wurde, die nächste Gesamtsitzung wieder in München abzuhalten, schloß der Vorsitzende die Sitzung.

Bericht über den Thesaurus linguae Latinae
für die Zeit vom 1. April 1929 bis 31. März 1930.

Die Thesaurus-Kommission hat einen schweren, schmerzlichen
Verlust erlitten: Richard Heinze, der ihr seit 1915 als Dele-
gierter der Sächsischen Akademie der Wissenschaften angehörte
und die Aufgaben und das Fortschreiten des Thesaurus stets mit
wärmstem und innerlichstem Anteil begleitet und gefördert hat,
wurde der Wissenschaft am 22. August 1929 durch plötzlichen
Tod entrissen.

Die Kommission trat am 28. und 29. März 1930 in München
zu einer außerordentlichen Tagung zusammen, in der neben
inneren Angelegenheiten besonders die Frage der Überführung
des Unternehmens aus dem Hause Thierschstraße 11, in dessen
viertem Stockwerk es seit 1911 untergebracht ist, in das Maxi-
milianeum erwogen und nach reiflichster Beratung beschlossen
wurde. Die Verlegung wird voraussichtlich noch innerhalb des
bevorstehenden Geschäftsjahres erfolgen. Sie wird für das uner-
setzliche Material eine gegen Gefahren gesicherte, geräumige, ausge-
dehnteste Benutzungsmöglichkeit bietende Unterbringung schaffen,
den Bearbeitern helle, luftige, vollkommen ruhige Arbeitsräume,
der Bibliothek eine einheitliche, übersichtliche Aufstellung. Auch
an dieser Stelle sei dem Bayer. Staatsministerium für Unterricht
und Kultus, der Verwaltung der Maximilianeumsstiftung und allen,
die mit Rat und Tat zur Überwindung der erheblichen Schwierigkeiten beigetragen haben, insbesondere dem Präsidenten der Bayer.
Akademie der Wissenschaften, Herrn Geheimen Rat Professor
D. Dr. E. Schwartz, Herrn Professor Dr. Ernst Wölfflin in Basel
und einem ungenannt bleiben wollenden Gönner, der in letzter
Stunde ein Scheitern des Projekts abwandte, der aufrichtige Dank
der Kommission ausgesprochen.

Der Personalstand erfuhr folgende Veränderungen: Der Stipendiat der Notgemeinschaft Dr. S. Häfner trat nach Ablauf seines Stipendiums und des ihm für die Mitarbeit am Thesaurus vom Bayer. Staatsministerium für Unterricht und Kultus gewährten Urlaubsjahres am 15. Oktober in den Bayer. Schuldienst zurück. Die Neuverleihung des Stipendiums erfolgte ab 1. November an Herrn Dr. E. Köstermann. Herr Dr. U. Knoche beendete seine Tätigkeit am Thesaurus, um die Leitung der altsprachlichen Kurse an der Universität Köln zu übernehmen. Im übrigen blieb der Personalstand des Büros unverändert. Auch Herr Studienrat i. R. Dr. Fr. Krohn-Münster i. W. leistete abermals höchst dankenswerter Weise während der Sommermonate freiwillige Mitarbeit. Für Ergänzung und Erweiterung der Itala-Excerption wurde Herr Dr. P. Rabbow-Göttingen gewonnen, der schon in den Jahren der Vorbereitung dem Unternehmen wertvollste Dienste geleistet hat.

Der Stand der Arbeit ist folgender: Von Band V 1 (Redaktor der Unterzeichnete) wurde Lieferung V 9 (*dolor* bis *donec*) fertiggestellt, von Band VI 2 (Redaktor Prof. Dr. O. Hey) ist Lieferung VI 10 bis *gigno* fortgeschritten. Die Bearbeitung der an der Spitze von Band VII (Redaktor Dr. J. B. Hofmann) stehenden Präposition *in* ist noch nicht abgeschlossen; die Ergänzungsarbeiten für diesen Band sind bis auf einen kleinen Rest beendet. Die Redaktion von Band V 2 (*E*) wurde durch Beschluß der Konferenz vom 28. und 29. März 1930 Frl. Dr. Kapp und Herrn Dr. Meyer übertragen.

Die Vereinigung des Materials zu einem Generalalphabet ist bis *Re-* fortgeschritten.

Die Beiträge der fünf das Unternehmen tragenden Akademien gingen im Gesamtbetrag von 21 949 *ℛℳ* *) ein. Dazu trat zum erstenmal ein Jahresbeitrag der Heidelberger Akademie der Wissenschaften von 200 *ℛℳ*. Baden, Hamburg und Württemberg leisteten auch diesmal ihre bisherigen Beiträge (Baden 300 *ℛℳ*, Hamburg und Württemberg je 500 *ℛℳ*), die Hamburgische Wissenschaftliche Stiftung 1000 *ℛℳ*, die Königsberger

---

*) Berlin 5000 *ℛℳ* und 900 *ℛℳ* Sonderzuschuß, Göttingen 6000 *ℛℳ*, Leipzig 3000 *ℛℳ*, München 6000 *ℛℳ*, Oesterr. Staatsbeitrag 400 *ℛℳ*, Oesterr. Akademiebeitrag 1100 ö. Sch. = 649 *ℛℳ*, insgesamt 21949 *ℛℳ*.

Gelehrte Gesellschaft 500 ℛℳ. Ferner flossen dem Unternehmen folgende Spenden zu: von Mrs. J. M. Wulfing-St. Louis $ 125 als Betrag einer von ihrem verstorbenen Gatten, Herrn J. M. Wulfing, dem hochherzigen Helfer und Förderer des Thesaurus in schweren Jahren, dessen allzufrühes Ableben der vorjährige Bericht leider melden mußte, dem Unternehmen bei Lebzeiten noch zugedachten Unterstützung; von Herrn Dr. h. c. J. G. Schurman, Botschafter der Vereinigten Staaten von Nordamerika in Berlin, Ehrenmitglied der Preußischen Akademie der Wissenschaften, 500 ℛℳ als Ausdruck seiner persönlichen Anerkennung und Hochschätzung des Werkes der Deutschen Akademien.

Besonderer Dank gebührt der Bayerischen Staatsregierung, die wiederum drei Fünftel der Angestelltenbezüge trug, und der Notgemeinschaft der Deutschen Wissenschaft, die außer ihrem Jahreszuschuß von 20000 ℛℳ auf Veranlassung des Herrn Reichsministers des Innern einen Sonderzuschuß von 6800 ℛℳ gewährte.

Für alle in diesem Berichtsjahr wiederum erfahrene Hilfe und Förderung, besonders auch für eine Reihe wertvoller Zuwendungen an die Thesaurusbibliothek, spricht die Kommission auch hier ihren aufrichtigen Dank aus.

I. A. der Thesauruskommission
der Vereinigten Deutschen Akademien

Dittmann.

Bericht über den Stand der Arbeiten bei der Kommission
für die Herausgabe der mittelalterlichen Bibliothekskataloge
Deutschlands und der Schweiz vom 1. April 1929 bis zum
31. März 1930.

Seit Abschluß und Erscheinen des II. Bandes ist die Vorbereitung weiterer Bände mit besonderem Erfolge betrieben worden.
Allen Mitarbeitern wurden die Abschriften, Photographien und
Notizen zur Verfügung gestellt, die bereits seit Jahren im Archiv
der Kommission gesammelt waren.

Herr Staatsoberbibliothekar Dr. Paul Ruf (München) hat die
Bearbeitung der Kataloge und Bibliotheksgeschichten von Augsburg (Domstift, Karmeliter, St. Moritz, St. Ulrich und Afra), Bene-
diktbeuern, Kaisheim, Tierhaupten und Wessobrunn vorläufig abgeschlossen und steht mitten in der Untersuchung und Verwertung des Materials für Buxheim und St. Mang in Füssen. Die
Erledigung der übrigen Verzeichnisse des Bistums Augsburg dürfte
weniger zeitraubend sein, zumal da es sich meistens um kleinere
Kirchen- und Klosterbibliotheken handelt, für die nur spärliche
Quellen vorhanden sind.

Herr Dr. Fritz Schillmann (Berlin) hat zunächst die Diözesen Schwerin und Kammin, nunmehr die brandenburgischen
Diözesen in Angriff genommen und konnte, nicht zuletzt dank
dem Entgegenkommen von Herrn Geheimrat Hoogeweg (Stettin)
Stücke aus dem Staatsarchiv Stettin aufnehmen, die uns bisher
entgangen waren, so eine Bücherschenkung für das Nonnenkloster
Köslin von 1406, eine Schenkung für das Domkapitel Kolberg
von 1430, einen inhaltreichen Vertrag der Stralsunder Geistlichen
von 1424 über gemeinsam gekaufte Bücher, die schließlich dem
Kloster Hiddensee vermacht wurden, und eine Schenkung für die

Nikolaikirche in Greifswald nach 1480. Mittelalterliche Testamente mit Bücherlegaten aus dem Stralsunder Ratsarchiv stehen in Aussicht.

Herr Bibliotheksdirektor Dr. Josef Theele (Fulda) wurde durch seine berufliche Tätigkeit ungewöhnlich stark beansprucht. Jedoch hat auch er die Arbeit an den Katalogen der mitteldeutschen Diözesen des Erzbistums Mainz fördern können und hofft in nächster Zukunft die Möglichkeit zu intensiverer Beschäftigung mit dem von ihm übernommenen großen und z. T. schwierigen Material zu haben.

Als neuen Mitarbeiter konnten wir Herrn Univ.-Bibliothekar Dr. Heinrich Schreiber (Leipzig) gewinnen. Er wird vorerst die Kataloge der Diözesen Naumburg, Merseburg und Meissen vornehmen.

Es ist zu hoffen, daß im Laufe der Jahre 1931 und 1932 je ein Halbband der Mitarbeiter Dr. Ruf und Schillmann in Druck gegeben wird.

Konnten auch die Ausgaben im Berichtsjahr auf das Mindestmaß beschränkt werden, so ist doch zu berücksichtigen, daß nicht nur für die Drucklegung, sondern auch für einzelne unumgänglich erscheinende Reisen in verschiedene, für unser Unternehmen noch nicht durchforschte Archive und Bibliotheken Geld zurückgelegt werden mußte.

München, im März 1930.

Der Redaktor:
Paul Lehmann.

Abrechnung für 1929/30.

Einnahmen.   Ausgaben.

	$\mathcal{RM}$	$\mathcal{S}$		$\mathcal{RM}$	$\mathcal{S}$
Überschuß v. Jahre 1928/29	6025	80	Akademische Druckerei .	7	—
Beitrag Berlin	1000	—	Bureaubedarf	2	25
„ Göttingen . . .	1000	—	Portoersatz Dr. Schillmann	9	45
„ Heidelberg . . .	1200	—	„ Dr. Ruf . . .	8	87
„ Leipzig	500	—			
„ München . . .	1000	—			
Summe	10725	80	Summe	27	57

Abgleichung.

Einnahmen	10725.80	$\mathcal{RM}$
Ausgaben	4879.20	„
Rest und Übergang auf das Jahr 1930 . .	10698.23	$\mathcal{RM}$

Bericht des Corpus der griechischen Urkunden des Mittel-alters und der neueren Zeit über das Jahr 1929/30.

Im Jahre 1929/30 wurden die Arbeiten an den Kaiserregesten soweit gefördert, daß der Abschluß des Manuskriptes für den Fas-zikel III (1204—1282) nun unmittelbar bevorsteht und die übrigen Faszikel dann in sehr kurzen Zeitabständen folgen können. Gleich-zeitig wurde der Gedanke eines Facsimileheftes von Kaiserurkunden wieder aufgenommen; die Ausgabe von etwa 25 Tafeln mit Um-schriften und erläuternden Bemerkungen befindet sich in Vorbe-reitung. Die Möglichkeit eines solchen Unternehmens eröffnete sich dadurch, daß das Reichsministerium des Innern dankenswerter Weise dem Corpus der griechischen Urkunden den Betrag von 3000 *ℛℳ* zur Verfügung stellte. Die Bestände des Lichtbild-archives konnten um mehrere Stücke, besonders aus italienischen Archiven, vermehrt werden.

A. Heisenberg

17. Bericht der Kommission für die Herausgabe von Wörterbüchern bayerischer Mundarten.

Die Kommission wählte in ihrer Sitzung vom 8. Juni das ordentliche Mitglied der Akademie der Wissenschaften Universitätsprofessor Dr. Walther B r e c h t, Geheimer Regierungsrat, als neues Kommissionsmitglied.

A. Bayerisch-Österreichisches Wörterbuch.

Im Berichtsjahr 1929/30 haben sich in der Besetzung der Kanzlei keine Veränderungen ergeben.

Dr. K r a n z m a y e r arbeitete auf Grund seines ihm von der Notgemeinschaft der deutschen Wissenschaft in dankenswerter Weise bewilligten Forschungsstipendiums bis 30. September 1929 in der Münchner Kanzlei an der Ermittlung laut- und wortgeographischer Grenzen in Bayern; von da ab bis zum Ende des Berichtsjahres war er in der Wiener Kanzlei tätig. Ein Teil seiner Forschungsergebnisse ist als erstes Heft der von den Kommissionen München und Wien gemeinsam herausgegebenen „Beiträge zur Bayerisch-Österreichischen Dialektgeographie" (100 S. mit einer Grundkarte und 11 Pausen, Wien und München 1929) unter dem Titel „Die Namen der Wochentage in den Mundarten von Bayern und Österreich" erschienen.

Die wissenschaftliche und organisatorische Arbeit in der Kanzlei lag in den Händen von Dr. Lüers; das Ausschreiben und Ordnen des lexikalischen Materials wurde von den Kanzleiaushilfen R i t t e r und H a r t m a n n erledigt; letztere führte auch die Stichwörterkataloge der systematischen und der mundartgeographischen Fragebogen weiter. Die Ordnung des Hauptkataloges wurde wieder von Registrator Dittweiler besorgt, der auch die übrigen kanzleitechnischen Arbeiten erledigte.

Excerpte lieferten: Registrator O. Siller, Augsburg; Dr. F.
Jblher, München; sowie verschiedene Beamte der staatlichen
Archive Bayerns.

Ausgeschrieben, richtiggestellt und geordnet wurden 56233
Zettel (Gesamtzahl: 1146755), von Dr. Lüers wurden lemmatisiert
15129 Zettel, von Dr. Kranzmayer seit 1927 insgesamt 328584.

Das vorhandene Material wurde um 31884 Zettel vermehrt.

An neuen Fragebogen gelangten zur Ausgabe: Nr. 100 „Feld-
früchte, ihr Anbau, ihr Wachstum, ihre Ernte", Nr. 101 „Bier-
brauerei", Nr. 102 „Hanf, Flachs und ihre Verwertung", Nr. 103
„Sehen, fühlen, hören", die mit Ausnahme von Nr. 101 in Wien
entworfen wurden.

In den Hauptkatalog wurden von Registrator Dittweiler
10000 Zettel eingeordnet, sodaß er insgesamt 269000 vollständig
geordnete Zettel umfaßt; im Laufe des Berichtsjahres wurden
von ihm ferner 168000 Zettel nach dem ersten Buchstaben und
186000 Zettel nach dem zweiten Buchstaben für den Hauptkatalog vorgeordnet.

Der Stichwörterkatalog der systematischen Fragebogen umfaßt bis Nr. 103 einschließlich 44051 Zettel, also um 2023 mehr.

Der Stichwörterkatalog der mundartgeographischen Fragebogen umfaßt 2703 Zettel, also um 1094 mehr.

Dieser Arbeitsfortschritt konnte wiederum nur erzielt werden
durch die verschiedenen Zuwendungen seitens des bayerischen
Staates, des Reichsministeriums des Innern und der Notgemeinschaft. Die Kreisregierungen waren leider wieder nicht in der
Lage Zuschüsse zu gewähren.

Wir sind auch diesmal genötigt, uns auf die namentliche
Aufführung der Sammler zu beschränken, die sich durch beson-
ders eifrige und erfolgreiche Mitarbeit verdient gemacht haben:
Bär Leonhard, Oberlehrer a. D., München; Bauernfeind Wolf-
gang, Landesökonomierat, Nabdemenreuth; Bibus Lorenz, Haupt-
lehrer, Straßberg; Brand Georg, Pfarrer, Erlach; Brandmair
Josef, Landwirt, Derching; Escherich-Welzhofer Dr. Emilie,
Wiesbaden; Funk Josef, Oberaudorf; Geigenberger Martin,
Lehrer, Meßnerschlag; Hauptmann Michael, Bergmann i. R.,
Ascholding; Heindl Josef, Regierungsrat a. D., München; Täufl
Xaver, Lehrer, Loitzendorf; Koch Dr. Franz, Sanitätsrat, Ober-

staufen; Kroher Anna, Kommerzienratsgattin, Staudach; Mark-
staller Dr. I. B., Pfarrer, Kösching (Obb.); Meisl Anton, Lehrer,
Klingelbach; Schadenfroh Michael, Hauptlehrer, München;
Scheicher Maria, Rentiere, Traunstein; Schlappinger Hans,
Studienprofessor, Straubing; Schmöger Dr. Fritz, Oberstudienrat,
München; Schnepf Maria, Advokatenstochter, Traunstein; Wiedl
Adolf, Studienrat, Straubing; Wild Ludwig, Landwirt, Marschall-
Valley.

Als neue Sammler haben sich gemeldet und an der Sammelarbeit bereits beteiligt: Amode Arthur, Lehrer, Ebnath; Bauer
Georg, Lehrer, Frankenberg; Löfflath August Friedrich, Hilfs-
lehrer, Tannenberg; Rauschmayr Johann, Studienprofessor, Lau-
ingen; Robold Maria, Lehrerin, Lichtenhaag.

Durch den Tod verloren wir in diesem Jahr eine unserer
eifrigsten Mitarbeiterinnen Frau Maria Ertl, Zollinspektorswitwe
in Hengersberg, die seit Bestehen des Wörterbuchunternehmens
sich mit unermüdlichem Fleiß an der Wortschatzsammlung beteiligt hat.

Ein verdienter Sammler Max George in Stadlern, von dem
wir das letzte Mal berichten mußten, daß er in Anbetracht seines
vorgerückten Alters seine Sammeltätigkeit einstellte, hat diese
erfreulicherweise inzwischen wieder aufnehmen können.

Michael Hauptmann, Bergmann i. R., Ascholding, lieferte
einen ausgezeichneten Entwurf für einen Fragebogen „Der Bergmann" und gleichzeitig dazu eine ausführliche Musterbeantwortung,
wofür ihm Dank und Anerkennung ausgesprochen sei.

Die in Verbindung mit unserem Nachrichtenblatt „Heimat
und Volkstum" hinausgegebenen kurzen dialektgeographischen
Fragebogen haben auch diesmal wieder ein stattliches Material
mundartlicher Belege der Kanzlei eingebracht. An der Beantwortung dieser Fragebogen waren wieder rund 3000 Lehrer
Bayerns beteiligt.

Die Zahl der Gewährsleute in den Gemeinden hat sich um
weitere 82 erhöht (Gesamtzahl 2742).

Dr. Lüers hielt am 15. April 1929 in Babenhausen (Schwa-
ben), am 24. und 25. April in den vereinigten Bezirkslehrervereinen
Würzburg Stadt und Land in Würzburg, auf Veranlassung der
Kreisschulbehörde von Oberfranken am 22. Mai in der Lehrer-

Hauptkonferenz in Ebermannstadt, am 24. Mai in Hollfeld, am 31. Mai in Pegnitz, am 1. Juni in Bamberg, am 11. Juni in Höchstadt an der Aisch und am 23. März auf Einladung der Landesanstalt für Vorgeschichte in Halle a. Saale Einführungsvorträge über die Arbeitsweise und Ziele der Mundartforschung.

Am 2. Juli nahm Dr. Lüers auf Einladung des Bezirksamts Pfaffenhofen an der Ilm im Auftrag der Kommission an der Feier der Enthüllung einer Gedenktafel für Johann Andreas Schmeller in Rinnberg bei Rohr teil.

Die Kanzlei wurde besucht: Im Mai von den Geheimräten Berneker und Förster; im September von Oberstleutnant Schad vom Bayer. Kriegsarchiv; von Dr. Steinberg vom Handwörterbuch des Auslandsdeutschtums; von Präsident Dr. Englert, München; von Dr. Zaunert, Hannover; im Oktober von Dr. Maurer, Gießen; im Februar von Hofrat Dr. Mocker, Innsbruck.

Bibliographie der Mundarten Bayerns.

Für die Handbibliothek der Kanzlei wurden die Fortsetzungen folgender Werke durch Ankauf erworben: Schwäbisches Wörterbuch, Schweizer-Deutsches Idiotikon, Schweizer Archiv für Volkskunde, Deutsches Wörterbuch der Brüder Grimm und Deutsche Dialektgeographie.

Dialektgeographie.

Im Laufe des Berichtsjahres wurden Kundfahrten durchgeführt: von Dr. Lüers mit Aufnahmen in 49 Orten, von Dr. Kranzmayer in 39 Orten.

Die mit dem Nachrichtenblatt „Heimat und Volkstum" hinausgegebenen dialektgeographischen Fragebogen, die eifrig und gewissenhaft von einem großen Teil der bayerischen Lehrerschaft beantwortet wurden, ergaben folgenden Gewinn:

Stand am:	Fragebogen:	Beantwortungen:	Mda. Einzelbelege:
1. 4. 29:	32	14 806	753 873
1929/30:	26	9 960	136 550
Gesamtzahl 31. 3. 30:	58	24 760	890 423.

Aus dem Material, das die Kundfahrten und die Fragebogenbeantwortungen ergaben, wurden in diesem Jahr von Dr. Kranzmayer 171 und von Dr. Lüers 8 laut- und wortgeographische Karten entworfen, sodaß sich die Gesamtzahl der Kartenentwürfe auf 410 erhöht.

Wir haben auch diesmal Veranlassung unseren besonderen Dank für die Mitarbeit an der Sammlung des hiefür so nötigen Materials auszusprechen, vor allem der bayerischen Lehrerschaft, die nun schon durch zwei Jahre mit großem Fleiß, ungewöhnlicher Gewissenhaftigkeit und treuem Ausharren die Beantwortung der mundartgeographischen Fragebogen durchführt.

Die Notgemeinschaft der deutschen Wissenschaft hat durch Vermittlung der Kommission Dr. Kranzmayer bis zum 30. September 1929 sein Forschungsstipendium verlängert, sodaß er seine Arbeiten zur Geographie und Geschichte der Laute und Wörter fortsetzen konnte. Einen Teil dieser Untersuchungen brachte er durch die obenerwähnte Abhandlung über die Namen der Wochentage zum Abschluß.

Für die für das gesamte bayerische Gebiet angelegten mundartlichen Karten wurde eine Kartei über deren sachlichen, wie lautlichen Inhalt angelegt, die bereits 2354 Zettel enthält; davon wurde eine Abschrift für die Wiener Kanzlei hergestellt.

Besonderen Dank schulden wir dem akademischen Sportarzt der Münchner Hochschulen, Herrn Dr. Karl Astel sowie Herrn Major Brand, durch deren Vermittlung Bauern aus verschiedenen bayerischen Gauen, die zu Sportkursen in München weilten, für mundartliche Aufnahmen zur Verfügung standen. Auf diese Weise konnten Aufnahmen für 28 Orte gemacht werden.

Durch Vermittlung von Landwirtschaftsrat Dr. Fritzi stellte die Leitung der deutschen Landwirtschaftsausstellung München 1929 Dauerkarten zur Verfügung, sodaß auch dadurch die Möglichkeit gegeben war, verschiedene Besucher der Ausstellung aus verschiedenen Teilen Bayerns abzufragen. Die Direktion der Lokalbahnaktiengesellschaft überließ für die Isartalbahn Freifahrtscheine, die es dem wissenschaftlichen Beamten der Kanzlei ermöglichten umfangreiche Ergänzungsaufnahmen zwischen Baierbrunn und Kochel durchzuführen. Auch für diese Unterstützung sei den beiden genannten Stellen wärmstens gedankt.

Der Katalog der Kundfahrtenaufnahmen umfaßt 79511 Zettel, darunter 41854 von Dr. Lüers.

Die Kommission ist auch diesmal in der angenehmen Lage, namhafter Spenden und tatkräftiger Förderung zu gedenken.

Das Bayerische Staatsministerium für Unterricht und Kultus hat den erforderlichen Personal- und Sachetat bewilligt; ferner sind uns vom Reichsministerium des Innern sowie von der Notgemeinschaft der deutschen Wissenschaft wieder Spenden zugeflossen. Unser Dank gilt neben diesen genannten Behörden und Institutionen für die Gewährung materieller Mittel besonders auch jedem einzelnen ihrer Vertreter für deren Vertrauen, Verständnis und Tatkraft.

B. Ostfränkisches Wörterbuch.

Im Berichtsjahr 1929/30 konnte auch die Wortschatzsammlung für das Ostfränkische Wörterbuch weitergefördert werden; das Material wurde um 4069 Zettel aus Fragebogenbeantwortungen und um 439 Zettel aus der freien Wortschatzsammlung vermehrt (Gesamtzahl 17558). Besonderer Dank gebührt den Herren Friedrich Einsiedel, Bauamtsinspektor, Bayreuth, für die Einsendung umfangreichen freigesammelten Materials, Chr. Pickel, Studienprofessor, Bayreuth, für zahlreiche Fragebogenbeantwortungen, ferner den Herren Hans Raithel, Professor, Bayreuth; Karl Schmidt, Lehrer, Fürth; Ludwig Wiesler, Lehrer, Trappstadt (Grabfeld), für die Überlassung mundartlicher Sammlungen zur Herstellung von Auszügen für das Ostfränkische Wörterbuch.

Als neue Sammler für das Ostfränkische Wörterbuch haben sich gemeldet: Haupt Eugen, Oberlehrer, Veitshöchheim und Kreitmair Karl, Lehrer, Waldberg.

An der Beantwortung der mit dem Nachrichtenblatt hinausgegebenen mundartgeographischen Fragebogen sind die fränkischen Kreise und hier wiederum vornehmlich die Lehrerschaft eifrig beteiligt und sei auch hierfür der Dank zum Ausdruck gebracht.

C. Rheinpfälzisches Wörterbuch.
Sammelarbeit, Stichwortansetzung.

Auch im vierten Arbeitsjahr legte die Pfälzische Wörterbuchkanzlei das Gewicht darauf, das immer noch rege Interesse für die Erforschung der pfälzischen Mundart zur Hereinholung von möglichst viel Mundartausdrücken aus möglichst viel Orten auszunützen. Daß sie dabei die gleichen Fortschritte machte wie in

den Vorjahren, zeigt schon folgende Übersicht über den Gesamt-
bestand an Zetteln, er betrug:

am 31. März 1926	16000 Zettel
am 31. März 1927	105237 „
am 31. März 1928	223238 „
am 31. März 1929	322565 „
am 31. März 1930	420384 „

Also wurden auch im letzten Jahre wieder rund 100000
Zettel dem Bestande zugefügt.

Diese Zahlen erfassen aber nur einen Teil des bereits zu-
sammengetragenen Materials; allein aus unseren kleinen Fragebogen lassen sich noch zum allermindesten 275000 Zettel mit
Mundartausdrücken füllen, aus den großen sind wenigstens noch
27000 zu gewinnen, also zusammen allein noch rund 300000
Mundartbelege auf Zettel zu bringen, die sich über mehr als 600
von den insgesamt etwa 750 Orten der Pfalz verteilen. Damit
stellen sich die in den rund vier Jahren gesammelten Mundartbelege auf die Mindestzahl von 720000. Und auch in dieser Zahl
sind noch nicht enthalten die Belege, welche in den beantworteten
Fragebogen der „Bayerischen Wochenschrift zur Pflege von Heimat
und Volkstum" stehen, die wieder mithalf die Fühlung zwischen
Wörterbuchkanzlei und Sammlern aufrecht zu erhalten.

Wie bisher gaben die Leitung des Südhessischen Wörterbuches
in Gießen und die Pfälzische Wörterbuchkanzlei gemeinsame Fragebogen aus, die abwechselnd einmal in Kaiserslautern, einmal in
Gießen ausgearbeitet und gedruckt wurden; Zusammenkünfte zwischen Professor Dr. Maurer und Studienrat Christmann sorgten
dafür, daß auch die Grundsätze, nach denen gearbeitet wird, in
Übereinstimmung blieben.

An großen Fragebogen wurden sechs ausgegeben mit den
folgenden Themen: Nr. 40 „Bewegung IV", Nr. 42 „Heiratsver-
mittlung, Werbung, Verlobung", Nr. 44 „Tiere I", Nr. 46 „Schule
und Unterricht", Nr. 48 „Siedlung und Siedler" und Nr. 50 „Essen
und Trinken". Von den sechs kleinen Fragebogen, die wir ausgaben, liefen Antworten ein auf

Nr. 39 aus 417 Orten	Nr. 45 aus 405 Orten
Nr. 41 „ 402 „	Nr. 47 „ 465 „
Nr. 43 „ 380 „	Nr. 49 „ 490 „

Das zeigt zugleich, daß sich unsere Sammlerzahl wieder in
aufsteigender Linie bewegt. Wir danken es vor allem der Unterstützung, welche die oberste Schulbehörde der Pfalz und die Be-
zirksschulräte uns gewährten, ferner mehreren Werbevorträgen
von Studienrat Christmann.

Insgesamt wirkten im Berichtsjahr bei der Beantwortung von
Fragebogen und durch Einsendung von frei gesammelten Mundartausdrücken 565 Helfer mit; sie verteilen sich auf folgende Berufe
und Stände:

Lehrer und Lehrerinnen an Volksschulen 481
Studenten und Seminaristen 32
Landwirte und Winzer   21
Lehrer an höheren Unterrichtsanstalten 8
Verwaltungsbeamte 7
In Handel und Industrie, Bank- und Verkehrswesen Tätige 5
Handwerker 4
Geistliche 3
Schriftsteller 2
Hausfrauen 2

Allen diesen Helfern sei herzlich Dank gesagt für die Förderung unseres Werkes. Am Schluß des Berichtes geben wir ein
genaues Verzeichnis der Sammler und des von ihnen eingesandten
Materials.

Für den Bezirk Ludwigshafen betreute wieder wie schon die
Jahre her Bezirksschulrat a. D. K. Kleeberger in dankenswerter
Weise unsere Arbeit.

Wertvoll war auch, daß der Kanzlei wieder unentgeltlich geliefert wurden: die Zeitschrift des „Nordpfälzer Geschichtsvereins",
die von Bezirksschulrat a. D. K. Kleeberger geleiteten „Heimat-
blätter", ferner „Pfälzer Art und Pfälzer Sinn" und „Der Trifels"
(Beilagen zur „Pfälzischen Rundschau"), Hauptlehrer Loschkys
„Bei uns daheim" (Heimatbeilage zur „Pfälzischen Post"), „Pfälzer
Land" (Heimatbeilage zum „Landauer Anzeiger"), L. Wingerters
„Palatina" (Heimatbeilage der „Pfälzer Zeitung" und des „Rheinischen Volksblattes"). Mancherlei konnte aus diesen Zeitschriften
ausgezogen werden; allen Vereinen, Schriftleitern und Verlagen,
welche uns diese Hilfe gewährten, sei aufrichtig gedankt.

Wieder sprachen eine Reihe von Sammlern in der Kanzlei

vor, um Einblick in unsere Arbeiten zu gewinnen; aber auch von
weither kamen Besuche: Universitätsprofessor Dr. V. Schirmunsky
aus Petersburg (im Interesse seiner Forschungen unter pfälzischen
Ansiedlern in Rußland), Direktor Dr. Peßler vom Vaterländischen
Museum in Hannover und der Direktor Schmalenberg des Deutschen Gymnasiums in Stanislau in Galizien (Kleinpolen, als Vertreter von pfälzischen Auswanderern).

Die Lemmatisierung der Zettel ist gut fortgeschritten, ein
paar Zahlen sollen es zeigen. Mit Stichwort waren versehen (je-
weils am 31. März der Jahre) 1927: 5800 Zettel; 1928: 43805
Zettel; 1929: 119558 Zettel; 1930: 201541 Zettel. Wieder half
Studienprofessor Hrch. Lehmann in seiner freien Zeit kräftig
mit. Bei der Verarbeitung der Ausdrücke aus dem Gebiete des
Weinbaues kamen uns die von Geheimen Rat Freiherrn Dr. von
Bassermann-Jordan schon 1926 zur Verfügung gestellten Zettel
zu statten.

Dialektgeographie.

Die nun vorliegenden 218 laut- und wortgeographischen
Karten — am Ende des Vorjahres waren es 182 — gestatten in
Verbindung mit auch in diesem Jahr ausgeführten Kundfahrten
nicht nur eine genaue Gliederung der pfälzischen Mundarten, sondern im Zusammenhalt mit aus älteren Urkunden und Werken
ausgezogenen Belegen, Flur- und Ortsnamen eine Feststellung
sprachlicher Bewegungen namentlich aus folgenden Richtungen:
1. von Süden her, also in rheinischer Richtung, namentlich in
der Zeit vom 14.—16. Jhd.; 2. von Norden her, namentlich im
10.—12. Jhd.; und 3. aus dem rhein-mainischen Raum heraus,
also von Nordosten und Osten, namentlich in der Zeit vom 12.—
15. Jhd.; 4. das siegreiche Vordringen von Lautungen und Wörtern,
welche der nhd. Gemeinsprache entsprechen oder doch näherkom-
men als die alten, einheimischen, lassen unsere Karten besonders
deutlich verfolgen. Auch zeigen sie, wie alle die vorgenannten
sprachlichen Bewegungen sich auf seit alters wichtigen Straßen
vorschieben und von da aus seitwärts ausdehnen; die Folge davon
ist, daß als Gebiete für die Restformen besonders hervortreten
einmal der Raum vom Bienwald (nördlich von Weißenburg i. E.)
durch die südöstliche ebene Pfalz hin bis in das Pfälzer Wald-

gebirge hinein, zum andern der Nordwest- bzw. Westrand der
Pfalz. Eine umfangreichere Abhandlung und mehrere Aufsätze
von Christmann, welche demnächst erscheinen, werden es im
einzelnen darlegen.

Die Kanzlei.

Es bedeutet eine wesentliche Förderung unseres Werkes, daß
im Personenstand der Kanzlei seit ihrer Errichtung noch keine Veränderungen vorkamen, so daß ihr die gut eingeführten Kräfte
erhalten blieben. Auch die Ausstattung wird immer besser, insbesondere mit wissenschaftlichen Werken. Es muß aber einmal
darauf hingewiesen werden, daß es zunächst ein recht mühseliges
Arbeiten war, solange nichts oder nur wenig von all den so notwendigen Wörterbüchern und Nachschlagewerken zur Verfügung
stand, wie es in der Provinz nicht anders zu erwarten ist, wo
auch am Ort keine Bücherei ist, die einigermaßen aushelfen könnte.
Wir brauchten daher wie in den Vorjahren so auch heuer nicht
bloß für die Drucklegung und Versendung der Fragebogen, die
Durchführung von Kundfahrten, die Gehälter der Kanzleigehilfinnen usw. Geld, sondern auch für die Anschaffung all der Werke,
welche zu einem wissenschaftlichen Arbeiten unerläßlich sind.
Wir beschafften also zunächst das von Grimm begründete Deutsche
Wörterbuch, Schmellers Bayerisches Wörterbuch, das Schweizerische
Idiotikon, das Schwäbische, Elsässische und Lothringische Wörterbuch, die im Erscheinen begriffenen Werke: die Wörterbücher
Badens und des preußischen Rheinlandes und den Sprachatlas
des deutschen Reiches, um nur einmal die zu nennen, welche es
ermöglichen eine pfälzische Erscheinung in einen größeren Zusammenhang zu stellen und dadurch erst richtig zu beurteilen,
ferner Wörterbücher für die ältere Zeit bis zurück zum Gotischen;
endlich mußte der Grundstock zu einer pfälzischen Mundartbiblio-
graphie gelegt werden. Wohl dünken wir uns nun schon reich
im Rückblick auf den Anfang; aber wie weit stehen wir zurück
hinter den Schätzen der deutschen Seminarien an den Universitäten, mit denen sonstwo ja vielfach die Wörterbuchunternehmungen verbunden sind! Wir können ja nicht hoffen, ihnen jemals
auch nur nahe zu kommen, aber es muß auch an dieser Stelle
einmal auf unsere Lage hingewiesen werden, nicht bloß damit

man unsere Arbeit richtig werten kann, sondern vor allem damit
man begreift, daß wir noch viel nötig haben an Geldmitteln, mehr
als andere deutsche Wörterbuchunternehmungen.

Dank sei gesagt all den Stellen, die auch im abgelaufenen
Jahr die Mittel für die Wörterbuchkanzlei spendeten: dem Reichsministerium für die besetzten Gebiete, den Staatsministerien für
Unterricht und Kultus und des Äußern, der Kreisregierung der
Pfalz, der Notgemeinschaft der deutschen Wissenschaft (der deutschen Forschungsgemeinschaft), ganz besonders auch der Pfälzischen Gesellschaft zur Förderung der Wissenschaften und endlich wärmstens dem Direktorat der Lehrerbildungsanstalt Kaiserslautern, welche uns wieder nicht nur den Raum für die Kanzlei
und Möbelstücke zur Verfügung stellte, sondern auch wieder in
weitherziger und weitsichtiger Weise Studienrat Christmann
so von der Schularbeit entlastete, daß er sich vor allem den
Wörterbucharbeiten widmen konnte, welche ja der pfälzischen
Heimat und der deutschen Wissenschaft gewidmet sind.

März 1930.

Die Wörterbuchkommission
der Bayerischen Akademie der Wissenschaften:
C. von Kraus,
I. Vorsitzender und Leiter der Kanzleien.

Für das Bayerisch-Österreichische und das
Ostfränkische Wörterbuch:
F. Lüers.

Für das Rheinpfälzische Wörterbuch:
E. Christmann.

Bericht der Kommission für Höhlenforschung in Bayern für das Jahr 1929/30.

Im Jahre 1876 wurden auf Veranlassung von Zittel und Gümbel mit Mittel der Anthropologischen Gesellschaft in Höhlen in der Umgebung von Pottenstein (Bez. A. Pegnitz) Grabungen veranstaltet. Über die Grabung im Hasenloch berichtete J. Ranke in den Beiträgen zur Anthropologie und Urgeschichte Bayerns Bd. II, S. 210—225.

Das Hasenloch liegt etwa 50 m über der Püttlach in einem kurzen, vom Juraplateau in das Püttlachtal führenden Trockental. Von dem gegen Osten schauenden Eingang erstreckt sich die Höhle im Durchschnitt 5 m breit und 4 m hoch 24 m in den Felsen hinein. Der Eingang liegt heute mehrere Meter über dem Hang, von diesem durch eine überhängende Felswand getrennt, so daß ein künstlicher Zugang geschaffen werden mußte. In vorgeschichtlicher Zeit muß der Zustand ganz gleich gewesen sein.

Nach dem Bericht des mit der Ausgrabung 1876 betrauten Präparators C. Heitgen war „der Boden der Höhle bedeckt von einer kaum handbreiten Schichte „Staub", einer Aschenschichte, in welcher sich eingebettet in Asche und Kohlenreste zahlreiche Topfscherben, Feuersteinsplitter und andere menschliche Artefakte, vor allem aber eine ziemliche Menge kleinster Knochenstückchen fanden. Auf diese Aschenschichte folgte eine im ganzen nur 0.5 m tiefe Lehmlage, welche nur an einzelnen Stellen eine wenig bedeutendere Mächtigkeit erreichte. Auch im Lehm fanden sich neben einigen Knochen und Zähnen noch menschliche Artefakte, namentlich Scherben, Eisentrümmer, Feuersteinsplitter". Diese Mischung von Gegenständen aus verschiedenen Zeiten wird noch besonders hervorgehoben. „Wenn schon im Zwergloch, schreibt J. Ranke weiter, die Fundobjekte aus verschiedenen Epochen des

Bestehens der Höhle im Lehm sich mischten, so ist das hier im Hasenloche noch ausgesprochener. Eiserne, zum Teil gegossene Geräte
und Waffen, Feuersteinsplitter, Knochen vom Höhlenbären, ein
eisengebundener Graphittopf, rohe Knocheninstrumente finden wir
in der gleichen Tiefe und Schicht".

„Auf den Lehm folgte in der Tiefe grobes Geröll ohne Knochen
und sonstige Fundgegenstände".

Ob es nicht doch möglich gewesen wäre, eine nach Funden
verschiedene Schichtung des Höhlenlehms festzustellen, muß heute
dahingestellt bleiben. Eine Schlußfolgerung ergibt sich aber aus
dem Bericht. Zwischen dem Lehm mit den eiszeitlichen Resten
und den jüngsten nacheiszeitlichen Schichten war keine trennende,
fundlose Schicht vorhanden, auch ließen sich keine jüngeren vor-
und frühgeschichtlichen Schichten unterscheiden. Die Verwitterung
war demnach im Laufe der Jahrtausende sehr gering.

Nach der Grabung von 1876 erfuhr der Höhlenboden eine
weitere Veränderung, als Ende der 80er Jahre das Hasenloch
als Sommerfestplatz hergerichtet wurde.

Da M. Näbe in Pottenstein gelegentlich einer Grabung entlang der rechten Wand Feuersteinwerkzeuge, Knochen und Scherben
feststellen konnte, entstand der Plan nach nichtgestörten Schichten
zu suchen. Es wurden zu diesem Zwecke drei Gräben quer zur
Höhlenachse von einer Wand zur anderen gezogen. Eine ursprüngliche Schichtenfolge konnte aber nicht festgestellt werden. Es
scheint, daß 1876 die Höhle ziemlich gründlich durchgegraben
wurde, dabei blieben aber eine Anzahl von Kultur- und Knochen-
resten im Grabungsschutt unbeachtet liegen, die eine Ergänzung
zu den Grabungsresultaten im Jahre 1876 bilden.

Der Felsboden der Höhle senkt sich allmählich von links
nach rechts und zieht sich etwas unter die rechte Wand hinein.
Hier scheint sich im Laufe der Zeit eine größere Masse von Kultur-
resten angesammelt zu haben, ohne daß aber eine Schichtung
sich feststellen ließ. Hier könnte auch eine ursprüngliche Schichtung
durch Tiere, die in der Erde wühlten, verwischt worden sein.
Auch bei den neuesten Grabungen fanden sich entlang der rechten
Wand die meisten Reste.

Nachdem stratigraphische Verschiedenheiten der Funde bei
der Grabung 1876 nicht festgestellt wurden und auch bei der

neuen Grabung nicht mehr festgestellt werden konnten, können wir nur auf Grund der Typologie ein Bild der Siedlungsgeschichte des Hasenloches gewinnen.

Die diluvialen Tierreste (Höhlenbär, Pferd, Rentier), die z. T. im Lehm festgestellt worden sind, z. T. aber auch höher sich fanden, sind wohl kaum von Raubtieren in die Höhle geschleppt worden. Dagegen spricht das Fehlen eines Zuganges vom Hang aus. Außerdem beweist das Vorhandensein der altpaläolithischen Steinwerkzeuge, daß der Eiszeitmensch in der Höhle sich aufhielt; nichts spricht dagegen, daß die Tierreste Überbleibsel seiner Nahrung waren.

Teils in der Aschenschicht, teils im Lehm wurden 1876 130 Stück Feuerstein- bezw. Hornstücke gefunden, davon zeigten nach Ranke 75 schon bessere Gestalt. Bei den neuen Grabungen wurden über 200 Stücke, z. T. wirkliche Werkzeuge, die aus Spitzen und Schabern bestehen, gehoben, sodaß nunmehr etwa 350 Hornsteinsplitter und Werkzeuge vorliegen. Letztere gleichen ihrer Form und Bearbeitungsweise nach denjenigen aus dem Schulerloch und der Fischleitenhöhle im Altmühltale und aus der Petershöhle bei Velden. Sie gehören demnach der bayerischen Moustierstufe an. Typische Steinwerkzeuge aus dem Jungpaläolithikum und dem Neolithikum sind aus dem Hasenloche nicht bekannt.

Nach J. Ranke stammen 127 Eckzähne vom Marder (mustela marter) aus dem Lehm, wo sie nachbarlich gelagert waren. „Trotz der fehlenden Durchbohrung mögen auch unsere Zähne, schreibt Ranke, einst als ‘Schmuckgegenstand’ gedient haben oder haben dienen sollen.“ Nach der Bestimmung von M. Schlosser handelt es sich aber nicht um Marderzähne, sondern um Milchzähne des Höhlenbären. Da aus der Moustierstufe Schmuck nicht bekannt ist, können diese Zähne nicht als Schmuck betrachtet werden. Vielleicht sind sie Jagdtrophäen; aber auch solche sind bisher im Altpaläolithikum nicht bekannt. Außer den oben genannten diluvialen Tierresten fanden sich nach der Bestimmung von M. Schlosser bei den neuen Grabungen spärliche Reste von Nashorn, Mammuth, Höhlenbären, Höhlenlöwen und Steinbock (?).

Von sicher nacheiszeitlichen Tieren konnten festgestellt werden Reste eines jagdhundartigen größeren Hundes, vom Hausschwein, Hirsch, Schaf (Ziege?), Rebhuhn, Wildtaube und Haushuhn.

Wichtiger als diese Tierreste, die über die Zeit der Anwesenheit des vorgeschichtlichen Menschen nichts aussagen, sind die Kulturreste, vor allem die Gefäßscherben. Im Gegensatz zu den übrigen Funden ist das Scherbenmaterial sehr zahlreich. J. Ranke gibt als Zahl der Scherben 1558 an und bei den Grabungen der letzten Zeit kam noch eine Anzahl dazu. Leider ist die große Masse der Scherben vom Jahre 1876 nicht mehr auffindbar. Das, was an Gefäßresten vorliegt, weist auf die Zeit vom Ende der Hallstattzeit und den Anfang der Latènezeit hin.

Im Bericht der Kommission für Höhlenforschung im Jahre 1928 (Jahrbuch 1928/29, S. 150) konnte kurz die Grabung Gumperts im Jahre 1928 in der Gaiskirche im oberen Püttlachtale bei Pottenstein erwähnt werden. Nach dem im Mannus 21, 1929, S. 256—264 erschienenen Bericht, dem eine Anzahl Abbildungen beigegeben ist, wurde bei der Grabung ein 4.5 m mächtiges Profil erschlossen. Die Oberfläche bildete eine 10—15 cm dicke Humusdecke. Es folgten dann mehrere Lagen abgebröckelte und angeschwemmte Kalkstein-Erosionsmassen, die in der oberen Hälfte von 7 teilweise ineinander übergehenden Kulturschichten durchzogen waren und in der unteren Hälfte große abgestürzte Felstrümmer enthielten.

Die Kulturschichten teilt Gumpert in 4 Schichtengruppen auf, welche er verschiedenen Zeiten zuweist. Die obersten 4 Schichten faßt er als Schicht I und Ia zusammen, sie rechnet er der Späthallstatt- bezw. Frühlatènezeit und jüngeren Zeit zu. Ihr gehören die von Hoermann (Jahrbuch 1928/29, S. 150) gefundenen Späthallstattscherben an, die in etwa 1.30 m Tiefe gelegen haben.

Die Schichte II war „ziemlich fundarm. Die bemerkenswerten Funde sind ein Messerchen und ein schöner Klingenkratzer. Beide Stücke zeigen noch Tardenoisretusche. Gefäßscherben fehlten".

Die Schichte III „war bei 60 cm Stärke nicht nur die mächtigste, sondern auch die fundreichste. Es liegen einige hundert Funde vor". Charakteristisch sind zwei Eckstichel, 1 Nadelpfeilspitze, 1 primitive Pfeilspitze mit Tardenoisretusche, 4 kurze Klingenkratzer. Keinerlei Gefäßscherben. „Gumpert teilt die Schicht dem Mesolithikum (spätes Tardenoisien) zu. Bei der Grabung im Mai 1929 kamen u. a. noch 3 Mikrostichel, 2 schräg

abgestumpfte Tardenoisspitzen und 1 größerer Mittelstichel zum
Vorschein. Das wichtigste Ergebnis bestand aber darin, daß die
Schichte III einen regelrecht mit Steinen eingebauten Herd auf-
wies, der sich durch seinen festen tiefschwarzen Inhalt deutlich
abhob und sich bis auf die Schicht IV herabsenkte. Die inneren
Abmessungen des Herdes haben im Querschnitt etwa 65 cm Breite
und etwa 60 cm Höhe betragen. Aus dem Herd selbst wurden
5 mikrolithische Steingeräte und eine Anzahl Knochen und Zähne
geborgen". Die Schicht IV besteht nur aus einer Herdstelle von
etwa $1^1/_2$ qm Ausdehnung, die auf einer großen Steinplatte sich
ausbreitete. Unter den 7 Funden waren 2 typische Tardenoisformen;
Gefäßscherben fehlten. Bei der Grabung 1929 fand sich neben
solchen, die diesen Funden in Form und Größe glichen, noch
eine Messerklinge von 45 mm Länge und 21 mm größter Breite.
Gumpert bezeichnet die in Schicht IV festgestellte Kultur als
Mesolithikum (mittleres Tardenoisien).

Aus den bisherigen Grabungen an der Gaiskirche ergibt sich,
daß Scherben nur in den obersten Schichten vereinzelt sich finden.
Da sie sich nach Hoermann in einer Schwemmschicht fanden,
sind sie vielleicht von einer höher gelegenen Siedlung abge-
schwemmt. In den Schichten II—IV haben sich keine Gefäßreste
gefunden, dagegen ihrer Form und Bearbeitungsweise nach zum
Mesolithikum (Tardenoisien) gehörige Steinwerkzeugchen.

Schichte II dem „Früh-Neolithikum" zuzurechnen ist durch
die wenigen Funde nicht gerechtfertigt. Das Früh-Neolithikum
ist charakterisiert durch das Vorhandensein von Großwerkzeugen,
welche die Vorläufer der neolithischen Steinbeile darstellen. Solche
frühneolithische Großwerkzeuge fehlen in Schicht II bis jetzt. Das
gegenüber den Mikrolithen des Mesolithikums verhältnismäßig
große Messerchen und der Klingenkratzer sprechen nicht gegen
ein mesolithisches Alter der Schicht, wie auch die 45 mm große
Messerklinge in Schicht IV beweist. Außerdem zeigen Messerchen
und Klingenkratzer der Schicht II die typische Tardenoisretusche.

Auch die Unterscheidung der Schichten III und IV als spätes
und mittleres Tardenoisien erscheint nach den bisherigen Grabungs-
ergebnissen nicht gerechtfertigt. Vor allem fehlen bisher an der
Gaiskirche die für das späte Tardenoisien charakteristischen tra-
pezoiden Mikrolithen. Man kann sich vorstellen, daß die Gaiskirche

während der Herrschaft der gleichen Kulturstufe, nach den bisherigen Ergebnissen, des mittleren Tardenoisien, wiederholt bewohnt war, und daß demnach die Schichten II—IV der gleichen Kulturstufe angehören.

Es ist bis jetzt nur ein Teil der Kulturschichten an der Gaiskirche untersucht, sowohl nach rechts wie nach links scheinen sich die Kulturschichten auszudehnen. Um ein vollständiges Bild von der Besiedlung dieses Platzes und der Anwesenheit des mesolithischen Menschen im oberen Püttlachtale zu gewinnen, wäre es dringend notwendig, daß in absehbarer Zeit die notwendigen Mittel zur Verfügung gestellt würden, um die sachgemäße Untersuchung des interessanten Siedlungsplatzes zu Ende zu führen.

F. Birkner.

84

Jahresbericht über die Arbeiten der Bayerischen Kommission
für die internationale Erdmessung.

(1. April 1929—31. März 1930.)

Die Zusammensetzung der Kommission ist gegenüber dem
Vorjahre unverändert.

Im Jahre 1929 wurden die Pendelbeobachtungen fortgesetzt.
Einesteils war es nötig, in der Rheinpfalz noch einige Ergänzungs-
messungen vorzunehmen, andererseits mußte die Frage der ver-
mutlichen falschen Orientierung eines Teiles des Süddeutschen
Schwerenetzes geklärt werden.

Auf Vorschlag von Herrn Niethammer (Basel) beschloß die
Kommission zur Klärung dieser Frage auch auf der schweizerischen
Referenzstation Pendelbeobachtungen vornehmen zu lassen. Auf
diese Weise mußte sich durch Beobachtungen München—Basel
und Basel—Karlsruhe, indem dann das Dreieck München—Basel
—Karlsruhe geschlossen wurde, zeigen, wo der Fehler zu suchen
sei. Herr Niethammer stellte in entgegenkommender Weise die
Räume des neuen Astronomischen Institutes in Basel-Binningen
zur Ausführung dieser Beobachtungen zur Verfügung; auch schuldet
die Kommission ihm Dank für die tatkräftige Unterstützung bei
der zollfreien Einfuhr unserer Instrumente in die Schweiz.

Herr Schlötzer stellte wieder in liebenswürdiger Weise die
Räume des Karlsruher Geodätischen Institutes für die Messungen
zur Verfügung. So wurde zweimal in Basel und zweimal in Karlsruhe beobachtet. Da ferner 1928 von Herrn Niethammer der
Schwere-Unterschied von Basel-Binningen gegen den alten Referenz-
punkt Basel-Bernoullianum bestimmt wurde, war die Verbindung
mit den früheren Beobachtungen Basel—Karlsruhe (1904/05 Niethammer und Bürgin) gegeben. Hier haben die erneuten Messungen

beste Übereinstimmung mit den früheren Beobachtungen ergeben, sodaß der Unterschied Basel—Karlsruhe sehr sicher bestimmt sein dürfte.

Andererseits gibt nun die Verbindung München—Basel auch für Basel einen um 10×10^{-3} cm/sec^2 kleineren Schwerewert als bisher angenommen wurde. Der gleiche Effekt hatte sich 1927 und 1928 für Karlsruhe ergeben. Hiermit ist erwiesen, daß das ganze an Karlsruhe hängende Schwerenetz (Baden, Württemberg, Elsaß-Lothringen und die Schweiz) um den obigen Betrag falsch orientiert ist und eine systematische Korrektion erfordert.

Nachdem diese wichtige Frage geklärt war, konnte Dr. Schütte die schon lange in Vorbereitung befindliche Karte der Schwereabweichungen von Süddeutschland vollenden. Dank gebührt hier auch der österreichischen Kommission für die internationale Erdmessung, die in entgegenkommender Weise die noch unveröffentlichten Resultate der österreichischen Pendelbeobachtungen im Tauerntunnel und dessen weiterer Umgebung (1910—12) für die Karte zur Verfügung stellte. So umfaßt die Karte alle Pendelbeobachtungen bis 1929, rund 600 Stationen. Die Karte ist Ende März erschienen; der Druck wurde durch eine Unterstützung der Notgemeinschaft der Deutschen Wissenschaft ermöglicht, wofür auch an dieser Stelle der wärmste Dank der Kommission ausgesprochen sei.

Die zusammenfassende Bearbeitung sämtlicher bayerischer Pendelbeobachtungen von 1921—1929 ist nahezu vollendet. Sie wird als Heft 11 der Veröffentlichungen der Bayerischen Kommission für die internationale Erdmessung erscheinen.

In ihrer Sitzung vom 11. März 1930 beschloß die Kommission, nunmehr astronomisch-geodätische Arbeiten in Angriff zu nehmen.

München, den 4. April 1930.

Bayerische Erdmessungskommission
München 27
Dr. M. Schmidt.

Glückwunschschreiben.

Zur Feier des achtzigsten Geburtstages brachte die Akademie im Jahre 1929 den Herren Schmidt, Jacobi, Bernheim, Götz, Lenel und Jolly, zum siebzigsten Geburtstag den Herren Schick, Zielinski, Bauschinger, Wegscheider, Murbeck und Hölder ihre Glückwünsche dar.

Beim sechzigsten Doktorjubiläum konnte die Akademie Herrn Karpinsky; beim fünfzigsten Doktorjubiläum der Herren v. Dyck, Planck, Heider, Finke, Thurneysen, Molisch, Hülsen und Schulte als der ihrigen gedenken.

An Walther v. Dyck in München.

Hochverehrter Herr Kollege!

Die Bayerische Akademie der Wissenschaften bringt Ihnen, ihrem langjährigen Mitglied und Sekretär der mathematisch-naturwissenschaftlichen Abteilung, die wärmsten Glückwünsche zum 50 jährigen Doktorjubiläum dar.

Ihre wissenschaftliche Laufbahn nahm unter Felix Kleins und Alexander Brills Einfluß ihren Ausgang von der Geometrie, deren Formenreichtum Ihren jugendlichen Geist erfüllte. Aber bald verwandten Sie Ihre geometrischen Einsichten zur Analyse von Fragen der Funktionentheorie, der Gruppentheorie und der Analysis situs, um schließlich in die tiefgreifende Theorie der Kroneckerschen Charakteristiken einzudringen und Abzählungsmethoden weitreichendster Art auszubilden. Immer wieder kehrten Sie dabei zur geometrischen Anschauung zurück, insbesondere zu gestaltlichen Problemen aus dem Gebiete der Differentialgleichungen und zur kinematischen Ausgestaltung von Integrationsaufgaben.

Frühe haben sie Ihr Organisationstalent in den Dienst der Mathematik gestellt, so in der Durchführung von Ausstellungen mathematischer Modelle und Apparate, in der Redaktion der Mathematischen Annalen, in der Einflußnahme auf den mathematischen Unterricht als Mitglied des Obersten Schulrates und in Fragen der Ingenieurausbildung. Dem großen Werke des Deutschen Museums haben Sie Ihre Arbeitskraft gewidmet und Ihren regen historischen Sinn durch packende und treffende Charakteristiken großer Männer der Naturwissenschaft und Technik zum Ausdruck gebracht. Sie sind aber auch tiefer in den Schacht der Geschichte der Naturwissenschaft hinabgestiegen und haben eine stattliche Biographie Georg v. Reichenbachs verfaßt sowie eine Sammlung von Briefen Keplers in die Wege geleitet. Als die finanzielle Erschöpfung unseres Volkes zur Errichtung einer Notgemeinschaft der deutschen Wissenschaft zwang, stellten Sie auch dieser Ihre Arbeitskraft zur Verfügung und kämpften Sie an leitender Stelle für die Freihaltung der Wissenschaft von politischen und bürokratischen Bindungen.

Unserer Akademie waren sie stets ein hochwertiges Mitglied, unermüdlich und höchst erfolgreich in ihrer Vertretung nach Außen und ganz besonders tätig für die von ihr mitübernommene Enzyklopädie der mathematischen Wissenschaften, für jenes Riesenwerk, in dem Felix Klein eine Grundlage der mathematischen Forschung und Entwickelung schaffen wollte, und dessen bevorstehende glückliche Vollendung nach 35 Jahren Ihr Ruhmestitel sein wird.

Mögen Sie als treuer Ekart unserer Akademie zu ihrem Wohle und ihrer Ehre und zum Gedeihen der Wissenschaft noch lange wirken.

München, im Juli 1929.

Die Bayerische Akademie der Wissenschaften

Der Präsident:

Ed. Schwartz

Der Sekretär der mathematisch-naturwissenschaftlichen Abteilung

K. v. Goebel.

An Karl Heider in Berlin.

Hochverehrter Herr Kollege!

Am 23. Dezember sind es 50 Jahre, daß Sie sich in Ihrer Heimatstadt Wien den Doktorgrad erworben haben und damit in die Reihe selbständiger wissenschaftlicher Forscher eingetreten sind. Zu diesem für Sie so wichtigen Erinnerungstag sendet Ihnen die bayerische Akademie der Wissenschaften die herzlichsten Glückwünsche.

Von Anfang an hat sich Ihr Interesse vornehmlich entwicklungsgeschichtlichen Studien zugewandt. Sie haben dabei Ihre Untersuchungen über die verschiedensten Abteilungen der wirbellosen Tiere ausgedehnt und eine stattliche Reihe von Arbeiten veröffentlicht, die sich nicht nur durch die Zuverlässigkeit der Beobachtungen und die klare Darstellung der Befunde in Wort und Bild auszeichnen, sondern auch durch die besonnene Art, mit der Sie Ihre Ergebnisse in den allgemeinen Rahmen unserer Kenntnisse einfügten. So haben Sie sich wie wenige Ihrer Kollegen einen umfassenden Überblick über das gesamte Gebiet der vergleichenden Entwicklungsgeschichte erworben, von dem Ihre Referate auf dem Grazer Zoologentag und der Versammlung deutscher Naturforscher und Ärzte in Meran sowie Ihre Bearbeitung der Phylogenie der Wirbellosen in der „Kultur der Gegenwart" rühmliches Zeugnis ablegen. Was Ihre zusammenfassenden Darstellungen in ganz besonderer Weise auszeichnet, ist die geistige Durcharbeitung des schon damals ungeheuer angewachsenen Materials und die durchaus eigenartige und kritische Einstellung gegenüber den die Entwicklungsgeschichte beherrschenden Problemen. Durch diese vielseitige Tätigkeit waren Sie vortrefflich vorbereitet für die Abfassung des mit Ihrem Freund Korschelt gemeinsam unternommenen monumentalen Werks der vergleichenden Entwicklungsgeschichte der wirbellosen Tiere. Wer die einzelnen Bände des Werks untereinander vergleicht, wird verfolgen, wie sich Ihre wissenschaftliche Persönlichkeit im Lauf der über zwei Jahrzehnte sich erstreckenden Arbeit immer reicher entfaltet hat. Und so wurde ein Werk geschaffen, welches der deutschen Zoologie zur Ehre gereicht.

Seitdem Sie von Ihrem Lehramt zurückgetreten sind, haben
Sie sich neuen Forschungsgebieten zugewandt. Indem die Akademie Ihnen hierzu reichen Erfolg wünscht, drückt sie zugleich
die Hoffnung aus, daß Sie ihr noch lange als Mitglied erhalten
bleiben mögen.

München, im Dezember 1929.

Die Bayerische Akademie der Wissenschaften

Der Präsident
E. Schwartz

Der Sekretär der mathematisch-naturwissenschaftlichen Abteilung
K. v. Goebel.

————————

An Heinrich Finke in Freiburg i. B.

Hochverehrter Herr Kollege! .

Die Bayerische Akademie der Wissenschaften, die Sie mit
Stolz seit zwei Dezennien zu ihren korrespondierenden Mitgliedern
zählt, bringt Ihnen zu Ihrem goldenen Doktorjubiläum die herzlichsten und innigsten Glückwünsche dar. Es ist ein überaus
inhaltsvolles und fruchtreiches Gelehrten- und Forscherleben, auf
welches Sie an diesem Gedenktage zurückblicken können. Sie
haben mit eigener kräftiger Hand, weniger geführt von der
Schule, sich den Weg gebahnt zur Erforschung der mittelalterlichen Kultur- und Kirchengeschichte: Gebiete, auf denen Sie
neue Ziele zeigen, überreiche neue Materialien erschließen und
große Unternehmungen organisieren konnten. Ihren geschichtlichen
Veröffentlichungen, die rastlos aufeinander folgten, haben Sie durch
die Durchforschung der deutschen, österreichischen, italienischen,
französischen und spanischen Archive ein sicheres Fundament
gegeben. Die Edition westfälischer Papsturkunden, die vier Bände
Akten des Konzils von Konstanz, umrahmt von monographischen
Konzilsstudien, die Werke über Papst Bonifaz VIII, über das Papsttum und den Untergang des Templerordens sind abgesehen von
zahlreichen Einzeluntersuchungen über Erscheinungen der mittelalterlichen Kultur hochragende Denkmäler Ihrer großangelegten

Forschungstätigkeit. Besonders bahnbrechend aber haben Sie dadurch gewirkt, daß Sie als der erste unter den deutschen Historikern im großen Umfange die spanischen Archive, besonders das Kronarchiv in Barcelona, durchforscht haben. Die drei gewaltigen Bände Acta Aragonensia bergen in sich vorher ungeahnte Schätze wertvollsten urkundlichen Materials. Sie haben durch Ihre zahlreichen spanischen Forschungsreisen, durch Vorträge an spanischen Universitäten, durch Heranbildung spanischer Schüler, durch Organisation gemeinsamer wissenschaftlicher Arbeit enge Bande zwischen der deutschen und spanischen Wissenschaft geknüpft. Neben Ihren großen mittelalterlichen Forschungsarbeiten fanden Sie noch Zeit zur Abfassung feinsinniger Studien zur Literatur- und Kunstgeschichte des 19. Jahrhunderts über Friedrich Schlegel, Carl Müller, Ittenbach usw.

Sie stehen noch mitten in Ihren Arbeiten. Wenn Sie auch von der Verpflichtung, Vorlesungen zu halten, entbunden sind, so teilen Sie doch noch aus der Fülle Ihres Wissens lernbegierigen Schülern reichlich mit. Sie haben im Laufe Ihrer akademischen Lehrtätigkeit so viele Historiker herangebildet, eine stattliche Anzahl deutscher und auch ausländischer, speziell spanischer Hochschullehrer, Archivare und Bibliothekare verdankt Ihnen ihre historische Schulung und Formung. In jugendlicher Frische finden Sie noch den Weg zum vatikanischen Archiv und nach Spanien, um neue Materialien zu neuer Arbeit zu sammeln. Möge es Ihnen beschieden sein, alle Ihre Forschungspläne zu verwirklichen und in das Antlitz der Kirchen- und Kulturgeschichte des Mittelalters noch viele lebenswahre und lebenswarme Züge einzutragen.

München, im August 1929.

Die Bayerische Akademie der Wissenschaften

Der Präsident

Ed. Schwartz

Der Sekretär der historischen Klasse

Leopold Wenger.

An Rudolf Thurneysen in Bonn.

Hochverehrter Herr Kollege!

Der Tag Ihres goldenen Doktorjubiläums ist, hochverehrter Herr Kollege, für die Gratulanten nicht eine Fünfzigjahrfeier schlechthin, bei der es gälte, dem Gefeierten allein die Glückwünsche zu einer zurückgelegten Epoche seines Lebens darzubringen — vielmehr eine Gelegenheit, auch sich selbst zu beglückwünschen zu dem, was sie in einem halben Jahrhundert der wissenschaftlichen Forschung geschenkt haben.

In solcher Gesinnung, wie sie insbesondere den Körperschaften wesenseigen sein muß, deren Ziele so ganz auf die Forschung gerichtet sind, sendet Ihnen heute die Bayerische Akademie der Wissenschaften, die Sie mit Stolz seit einem Dezennium zu den Ihren zählt, die herzlichsten Festeswünsche!

Und wir wie Sie haben wahrlich ein Recht, uns der Ernte zu freuen, die Sie in der abgelaufenen Zeitspanne eingebracht haben! Von Anbeginn Ihres Schaffens auf dem Felde der Sprachwissenschaft verrät sich in den Werken des Gelehrten wie im Wirken des Lehrers jene seltene Vereinigung von Wissen und Können, die allein zu dauerndem Ertrag führen kann, die Fähigkeit, auf dem Boden des Erworbenen Ureigenes und Neues zu gestalten. Und das ist Ihnen beschieden gewesen, mochten Sie mit anderen in hartem Ringen Schritt für Schritt vorwärtsdringen oder, wie oft, in freierem Schwung einen die Weite überschauenden Ausblick gewinnen, getragen von einem mit kluger Besonnenheit gepaarten gesunden Instinkt. Stets sind Sie mit feinem Gefühl für das Richtige und Wahrscheinliche geradeaus, selbständig und stark Ihren eigenen Weg gegangen, Sie haben sich ebensowenig jemals von einem Dogma in Fesseln schlagen lassen wie den Gedanken anderer sich verschlossen. So trägt das, was Sie geschaffen haben, immer den Stempel eigenen Sinnes ohne jeden Eigensinn.

Von früh an haben unter den indogermanischen Sprachen das Keltische und das Italienische (einschließlich seiner Fortentwicklung im Romanischen) im Blickpunkt Ihres Hauptinteresses gestanden. Hier dankt Ihnen die Wissenschaft die einschneidende und ideenreiche minutiöse Einzelarbeit, wie sie etwa Ihre erfolgreichen Deutungen inschriftlicher Denkmäler darbieten, nicht

minder als Ihre zusammenfassende Darstellung eines ganzen
Sprachsystems im „Handbuch des Altirischen". Daß Sie dabei
niemals der Gefahr des Spezialistentums erlegen sind, davon
zeugen die zahlreichen Veröffentlichungen, durch die Sie auch
Probleme des Griechischen, Germanischen, Baltischen bis zum
Altindischen und den kleinasiatischen Sprachen geklärt und uns
in allgemein-indogermanischen Fragen wie in solchen der sprach-
wissenschaftlichen Prinzipien neue Gesichtspunkte erschlossen
haben.

Einen Abschnitt Ihres wissenschaftlichen Wirkens bedeutet
Ihr heutiger Ehrentag, nicht einen Abschluß! Wissen wir doch,
daß Sie, zum Schaffen freudig und fähig wie der Jüngsten einer,
Ihrer Wissenschaft noch Vieles zu sagen haben und sagen werden.

Von uns aber sei noch das Eine gesagt, daß dieser Ihr
Ehrentag zugleich ein Ehrentag insbesondere der deutschen
Wissenschaft ist! Wie Sie zu ihr sich bekennen, so haben Sie
auch zum deutschen Volk und Land, Ihrer zweiten Heimat, in
Freud und Leid, tapfer und treu gestanden. Auch dafür Ihnen
danken zu können, ist der Bayerischen Akademie der Wissenschaften eine erhebende Freude!

München, im September 1929.

Die Bayerische Akademie der Wissenschaften

Der Präsident

Ed. Schwartz

Der Sekretär der philosophisch-philologischen Klasse

Paul Wolters.

———————

An Hans Molisch in Wien.

Hochgeehrter Herr Hofrat!

Die Bayerische Akademie der Wissenschaften sendet Ihnen,
ihrem hochgeschätzten korrespondierenden Mitglied die herzlichsten
Wünsche zu Ihrem goldenen Doktor-Jubiläum.

Wenn wir uns der ursprünglichen Bedeutung des „Doktors"
erinnern, so dürfen wir sagen, daß kaum jemand diese Würde mit
größerem Rechte trägt, als Sie! Sie waren nicht nur ein akademischer Lehrer von größter Anziehungskraft und seltenem

Erfolg — auch weite Kreise, denen es nicht vergönnt war,
Ihrem fesselnden Vortrag zu lauschen, zählen zu Ihren Schülern.
Ihr Lehrbuch der Pflanzenphysiologie hat in zahlreichen Auflagen
mächtig gewirkt, Ihre populären biologischen Vorträge, Ihre Anatomie, Ihr Buch über die Lebensdauer der Pflanze und andere
sind Muster klarer und anregender Darstellung. Und diese zeichnet
auch alle Ihre zahlreichen, weite Gebiete umfassenden botanischen
Untersuchungen aus. Sie haben uns über Leuchtbakterien und
Purpurbakterien reiche Aufschlüsse gegeben. In der Mikrochemie
sind Sie führend tätig gewesen und eine lange Reihe von ausgezeichneten Einzeluntersuchungen hat unsere Kenntnisse auf dem
Gebiete der Anatomie und Physiologie der Pflanzen gefördert und
vermehrt.

Sie haben sich aber nicht auf das Stilleben des botanischen
Laboratoriums beschränkt. Es ist Ihnen vergönnt gewesen, auf
weiten Reisen die Pflanzenwelt Javas, Japans und Chinas, sowie
die von Indien kennen zu lernen. Und in all diesen Ländern ist
Ihnen eine reiche botanische Ernte beschieden gewesen.

So können Sie mit Freude und Genugtuung auf Ihre wissenschaftliche Tätigkeit während eines halben Jahrhunderts zurückblicken — eine Tätigkeit, von der wir hoffen und wünschen, daß
sie noch eine recht lange und fruchtbare sein möge!

München, im März 1930.

Die Bayerische Akademie der Wissenschaften
Der Präsident
Ed. Schwartz
Der Sekretär der mathematisch-naturwissenschaftlichen Abteilung
K. v. Goebel.

———————

An Christian Hülsen in Florenz.

Hochverehrter Herr Kollege!

Die Bayerische Akademie der Wissenschaften sendet Ihnen
zum goldenen Doktorjubiläum ihre festlichen Glückwünsche. Sie
fühlt sich mit Ihnen, den sie seit bald 18 Jahren zu ihren korrespondierenden Mitgliedern zählt, in der dankbaren Freude verbunden, die an der Rückschau auf die in fünfzig Jahren gelehrter

Arbeit eingebrachte Ernte zum feiernden Erlebnis wird. Im Banne dieses Lebenstages tritt aus der Fülle der Werke und Tage Ihrer gelehrten Arbeit, aus aller Mannigfaltigkeit der Stoffe und Ziele die fruchtbare Einheit des Strebens und Schaffens hervor. Denn die Natur, die Ihnen die doppelte Gabe des Kunstsinnes und des historischen Blickes verlieh, hat Ihre Forschung auf alle die Monumente, Ruinen und Stätten hingeleitet, die kunstgeschaffene Formen und anhaftende geschichtliche Erinnerungen gemeinsam zu Zeugen vergangenen Lebens gemacht haben. Da war es ein gütiger Wink des Genius, der Sie auf das ewige Rom hinwies, das, wie es selbst den Zauber seines Wesens aus der Zweiheit von Kunst und Geschichte zusammenwachsen ließ, so auch eine Fülle von Einzelaufgaben für Ihre Art des Forschens und Deutens hergab. Von der entsagungsvollen Sammelarbeit am Corpus Inscriptionum an bis zur gelehrten, immer prüfenden, alle Überlieferung, auch die literarische, kritisch sichtenden, aber immer aufbauenden Schilderung der Ruinen und des Stadtbildes hat die Roma nobilis die Mitte Ihres Schaffens eingenommen. Die große Zahl derer, die forschend oder genießend einen Weg durch ihre antiken Erinnerungen suchen, haben an Ihren Werken und Studien die zuverlässige Leitung gefunden. Ja, über die zeitlichen Grenzen des Altertums hinausgreifend, haben Sie Ihre Arbeit auf die Darstellung wichtiger kirchlicher Baudenkmäler des Mittelalters erstreckt und im Gebiet der Renaissance manche reizvolle Aufgabe kunstgeschichtlicher Überlieferung oder Deutung von der Antike beeinflußter Denkmäler gefunden und gelöst.

Möge Ihnen in den so weiten und reichen Gebieten Ihrer Forschung noch manches schöne Werk gelingen, Rom und dem Glanze seiner Geschichte und seiner Denkmäler zu Ehren, Ihnen zur Befriedigung, uns zu immer neuer Belehrung.

München, den 15. März 1930.

Die Bayerische Akademie der Wissenschaften

Der Präsident
Ed. Schwartz

Der Sekretär der philosophisch-philologischen Klasse
Paul Wolters.

An Aloys Schulte in Bonn.

Hochverehrter Herr Kollege!

Nehmen Sie in der Fülle von Glückwünschen, die Sie zu Ihrem goldenen Doktorjubiläum erreichen, auch diesen freundlich auf, der vom Isarstrand zu Ihnen ans Ufer des Rheines kommt: als ein herzliches Zeichen wissenschaftlicher Dankbarkeit und Verehrung, welche auch die Bayerische Akademie der Wissenschaften mit Ihnen und Ihrem Schaffen verbinden.

Sie haben es Ihren Glückwünschenden nicht leicht gemacht, Ihr Lebenswerk als Forscher und Darsteller würdigend zu überblicken. Wie selten reich ist es und wie viele Felder umspannend! Da sind scharfsinnige kritische Quellenuntersuchungen, wie diejenige über Heinrich von Rebdorf, mit der Sie vor fünfzig Jahren, als Zweiundzwanzigjähriger, Ihre wissenschaftliche Laufbahn begannen, und welcher seither so viele andere nachgefolgt sind. Da ist die reiche Gruppe tiefgründiger Studien zur mittelalterlichen Sozial- und Kirchengeschichte. Da sind die beiden Bände des Straßburger Urkundenbuches. Da sind die großen, grundlegenden Werke zur Wirtschaftsgeschichte: die „Geschichte des mittelalterlichen Handels und Verkehrs zwischen Westdeutschland und Italien", „Die Fugger in Rom" und die „Geschichte der großen Ravensburger Handelsgesellschaft 1380—1530", die Sie im Rahmen der unsrer Körperschaft angegliederten gesamtdeutschen Historischen Kommission veröffentlicht haben. Und nun kommen erst noch die zahlreichen wertvollen Einzelschriften zur politischen und allgemeinen deutschen Geschichte, kommen endlich, aber nicht zuletzt, die Werke, in denen neben dem Gelehrten auch der deutsche Mann und Kämpfer das Wort ergriff, die Bücher und Aufsätze der Kriegs- und Nachkriegszeit zur Verteidigung des deutschen Rheins. Alle, auch diese letztgenannten, die sich an einen weiten Leserkreis wenden, ruhend auf dem kritisch gesicherten Boden eigener Forschung; alle gleich ausgezeichnet durch den Reichtum des neu erschlossenen Stoffes wie durch dessen sichere überlegene Beherrschung.

Ihre klaren blauen Augen hinter der goldumränderten Gelehrtenbrille leuchten noch immer so frisch und rein, als hätten sie ein halbes Jahrhundert strenger archivalischer Forschung erst noch vor und nicht schon hinter sich. Ibr innerer Schatz an menschlicher Güte und Wärme ist noch so unverbraucht, als hätten Sie nicht schon ein reiches Leben lang mit beiden Händen aus ihm geschöpft. Möge diese blühende Frische Ihnen noch recht lange erhalten bleiben! Daß es dann auch der Wissenschaft in Ihrem Garten nicht an neuen Früchten fehlen wird, darum brauchen wir uns nicht zu sorgen.

München, im Dezember 1929.

Die Bayerische Akademie der Wissenschaften
Der Präsident
Ed. Schwartz
Der Sekretär der historischen Klasse
Leopold Wenger.

———

An die Akademie der Wissenschaften in Lissabon.

Die Bayerische Akademie der Wissenschaften sendet der Akademie der Wissenschaften in Lissabon zur Feier ihres 150 jährigen Bestehens die herzlichsten Glückwünsche. Möge auch die kommende Zeit ihres Bestehens reich an wissenschaftlicher Arbeit und an wissenschaftlichem Ruhm sein!

München, den 3. Dezember 1929.

Der Präsident: Dr. Ed. Schwartz.

Der Syndikus: Dr. v. Frauenholz.

———

Für besondere Verdienste um die wissenschaftlichen Sammlungen wurden verliehen:

die **goldene Medaille** der Akademie der Wissenschaften „Bene merenti"

Philipp v. Luetzelburg, Rio de Janeiro

die **bronzene Medaille** „Bene merenti"

Otto Becker, Meseritz.

———

Verzeichnis über die im Jahre 1929 erschienenen akademischen Druckschriften.

I. Philosophisch-historische Abteilung.

a) Abhandlungen:

Spiegelberg Wilhelm, Aus einer ägyptischen Zivilprozeßordnung der Ptolemäerzeit (3. — 2. vorchristl. Jhd.) (Pap. demot. Berlin 13621). Neue Folge 1, 1929.

Rehm Albert und Schramm E., Bitons Bau von Belagerungsmaschinen und Geschützen. Neue Folge 2, 1929.

Lehmann Paul, Sammlungen und Erörterungen lateinischer Abkürzungen in Altertum und Mittelalter. Neue Folge 3, 1929.

Sethe R. und Spiegelberg Wilhelm, Zwei Beiträge zu dem Bruchstück einer ägyptischen Zivilprozeßordnung in demotischer Schrift. Neue Folge 4, 1929.

b) Sitzungsberichte:

Lehmann Paul, Mitteilungen aus Handschriften I. 1929, Heft 1.

Lotz Walter, Kollektivbedarf und Individualbedarf. 1929, Heft 2.

Leidinger Georg, Albrecht Dürer und die „Hypnerotomachia Poliphili". 1929, Heft 3.

Kraus Carl v., Über einige Meisterlieder der Kolmarer Handschrift. 1929, Heft 4.

Schwartz Eduard, Der Prozeß des Eutyches. 1929, Heft 5.

Heisenberg August, Zu den armenisch-byzantinischen Beziehungen am Anfang des 13. Jahrhunderts. 1929, Heft 6.

Grabmann Martin, Mittelalterliche lateinische Übersetzungen von Schriften der Aristoteles-Kommentatoren Johannes Philoponos, Alexander von Aphrodisias und Themistios. 1929, Heft 7.

Stroux Johannes, Eine Gerichtsreform des Kaisers Claudius. 1929, Heft 8.

Schlußheft 1929, Inhaltsübersicht und Druckschriftenverzeichnis.

II. Mathematisch-naturwissenschaftliche Abteilung.

a) Abhandlungen:

Weiler Wilhelm, Ergebnisse der Forschungsreisen Professor E. Stromers in den Wüsten Ägyptens. V. Tertiäre Wirbeltiere. 3. Die mittel- und obereocäne Fischfauna Ägyptens mit besonderer Berücksichtigung der Teleostomie. Neue Folge 1, 1929.

Wilkens Alexander, Ergebnisse der Beobachtungen am Breslauer Vertikalkreise 1922/25 zur Kontrolle des Fundamentalsystems in Deklination. Neue Folge 2, 1929.

Näbauer Martin, Terrestrische Strahlenbrechung und Farbenzerstreuung. Neue Folge 3, 1929.

Lambrecht Karl, Ergebnisse der Forschungsreisen Professor E. Stromers in den Wüsten Ägyptens. V. Tertiäre Wirbeltiere. 4. Stromeria fajumensis n. g., n. sp., die kontinentale Stammform der Aepyornithidae, mit einer Übersicht über die fossilen Vögel Madagaskars und Afrikas. Neue Folge 4, 1929.

b) Sitzungsberichte:

Döderlein Ludwig, Über Rhamphorhynchus und sein Schwanzsegel.

Döderlein Ludwig, Über Anurognathus Ammoni Döderlein.

Döderlein Ludwig, Ein Pterodactylus mit Kehlsack und Schwimmhaut.

Fischer Hans und Bäumler Rudolf, Überführung von Chlorophyllderivaten in Phylloerythrin.

Schütte Karl, Über den Schwereunterschied München-Potsdam.

Pringsheim Alfred, Kritisch-historische Bemerkungen zur Funktionentheorie.

Pringsheim Alfred, Nachtrag.

Volk Otto, Über spezielle Kreisnetze.

Broili Ferdinand, Ein neuer Arthropode aus dem rheinischen Unterdevon.

Broili Ferdinand, Acanthaspiden aus dem rheinischen Unterdevon.

Löbell Frank, Die Grundgleichungen der Flächentheorie und ihr Ausdruck durch Integralsätze.

Döderlein Ludwig, Nachtrag zum Carpus und Tarsus der Pterosaurier.

Kapferer Heinrich, Über Resultanten und Resultanten-Systeme.

Lettenmeyer Ferdinand, Über das asymptotische Verhalten der Lösungen von Differentialgleichungen und Differentialgleichungssystemen.

Broili Ferdinand, Beobachtungen an neuen Arthropodenfunden aus den Hunsrückschiefern.

Pringsheim Alfred, Kritisch-historische Bemerkungen zur Funktionentheorie III (mit Nachtrag zu I und II).

Sauer Robert, Herleitung differentialgleicher Flächeneigenschaften aus Sehnen-Dreiecksflachen.

Szász Otto, Verallgemeinerung und neuer Beweis einiger Sätze Tauberscher Art.

Perron Oskar, Die Winkeldreiteilung des Schneidermeisters Kopf.

Verzeichnis der Gesellschaften und Institute, welche mit unserer Akademie in Tauschverkehr stehen.

Aachen. Geschichtsverein; Ignatiuskolleg Valkenburg.
Aarau. Historische Gesellschaft des Kantons Aarau.
Aberdeen. University.
Abisko. Observatorium.
Abo. Akademie.
Adelaide. R. Society of South Australia.
Agram. Akademie.
Albany. New York State Library.
Allegheny. Observatory.
Amsterdam. Academie van Wetenschappen; K. N. aardrijkskundig Genootschap; Wiskundig Genootschap; Nederl. botanische Vereeniging.
Annaberg. Verein f. Geschichte von Annaberg.
Ann Arbor. University.
Antwerpen. Archiv.
Athen. Akademie; Bibliothèque de l'école française; Archäologische Gesellschaft; Νέος Ἑλληνομνήμων; Wissenschaftliche Gesellschaft.
Baltimore. John Hopkins University.
Bamberg. Histor. Verein.
Barcelona. R. Academia de ciencias y artes; Institut d'estudis Catalans; Institucio Catalana d'Historia Natural.
Bari. R. Università.
Basel. Schweizerische chemische Gesellschaft; Naturforschende Gesellschaft; Historisch-antiquarische Gesellschaft; Universitätsbibliothek.
Batavia. Topographischer Dienst; Batav. Genootschap van Kunsten en Wetenschappen; Magnet.-meteorol. Observatorium; Naturkundige Vereenigung in Nederlandsch-Indie.
Bautzen. Naturwissenschaftliche Gesellschaft.
Belgrad. Serbische Akademie der Wissenschaften.
Bergen. Museum.
Berkeley. University.

Berlin. Akademie der Wissenschaften; Gartenbaugesellschaft; Deutsche Chemische Gesellschaft; Deutsche Geologische Gesellschaft; Medizinische Gesellschaft; Deutsches Archäologisches Institut; Meteorologisches Institut; Deutsches Kali-Institut; Preußische Geologische Landesanstalt; Astronomisches Recheninstitut; Universitätssternwarte; Verein für die Geschichte Berlins; Zeitschrift für Instrumentenkunde; Zentralstelle für Balneologie.

Bern. Historischer Verein des Kantons Bern; Schweizer Naturforschende Gesellschaft; Universitätskanzlei; Allgem. geschichtsforsch. Gesellschaft d. Schweiz.

Beuron. Erzabtei.

Beyrouth. Université de St. Joseph.

Birmingham. Natural history and philosophical Society.

Bologna. Accademia; R. Deputazione di storia patria per le prov. di Romagna; Unione matematica Italiana.

Bonn. Verein von Altertumsfreunden im Rheinland; Naturhist. Verein der preuß. Rheinlande.

Bordeaux. Société des sciences physiques et naturelles.

Boston. American Academy of arts and sciences; Museum of Fine Arts; Society of Natural History.

Bozen. Städt. Museum.

Braunsberg. Akademie.

Braunschweig. Archiv der Stadt.

Bremen. Wissenschaftliche Gesellschaft.

Breslau. Schlesische Gesellschaft für vaterländische Kultur; Technische Hochschule.

Brisbane. Queensland Museum; Geographical Society; R. Society of Queensland.

Brünn. Verein für die Geschichte Mährens und Schlesiens; Masarykovy University.

Brüssel. Bibliothèque de Belgique; Musée d'histoire naturelle de Belgique; Société des Bollandistes; Société botanique de Belgique.

Bryn Mawr. College.

Budapest. Akademie; Ethnographische Gesellschaft; Geographische Gesellschaft; Gesellschaft für Naturwissenschaften; Philosophische Gesellschaft; Sprachwissenschaftliche Gesellschaft; Ungar. Protest. Gesellschaft; Ungar. Geol. Reichsanstalt; Könköly Observatorium; Nemzeti Museum.

Buenos Aires. Sociedad cientifica; Deutsch-akad. Vereinigung.

Buitenzorg. Department van landbouw.

Bukarest. Academia Română.

Calcutta. Indian Association for the cultivation of science; Indian Museum; R. Asiatic Society; Indian Chemical Society; Mathematical Society.

Cambridge. Observatory; Antiquarian Society; Philosophical Society.

Cambridge (Mass.). Museum of compar. zoology; Astronomical Observatory.

Catania. Accademia Gioenia di scienze naturali.

Charlottenburg. Physikal.-techn. Reichsanstalt.

Chicago. Academy of sciences; Wilson Ornith. Club; Field Museum of Natural History.

Chosen. Government General.

Chur. Histor. antiqu. Gesellsch.

Cincinnati. University Library.

Cleveland. Archaeological Institute.

Coimbra. O Instituto. Redaccão.

Colmar. Naturhistorische Gesellschaft.

Columbia. University Library.

Columbus (Ohio). American Chemical Society.

Cordoba (Argentinien). Academia nacional de ciencias.

Danzig. Westpreußischer Geschichtsverein.

Darmstadt. Firma E. Merck.

Davos. Meteorolog. Station.

Dessau. Verein für Anhalt. Geschichte.

Dinkelsbühl. Historischer Verein.

Dorpat. Observatorium; Naturforscher-Gesellschaft; Universitätsbibliothek.

Dresden. Sächsischer Altertumsverein; Flora; Gesellschaft für Botanik; Isis; Journal für praktische Chemie; Verein für Geschichte Dresdens.

Dublin. Royal Irish Academy; Royal Dublin Society.

Edinburgh. Royal College of Physicians; Royal Botanical Garden; Royal Society.

Eisenberg. Geschichts- und altertumsforsch. Verein:

Emden. Gesellschaft für bildende Kunst und vaterländische Altertümer.

Erfurt. Verein für Geschichte und Altertumskunde.

Erlangen. Universitäts-Bibliothek.

Fiume. Deputazione Fiumana di storia patria.

Florenz. Società di studi geografici.

Frankfurt a. M. Senckenbergische Bibliothek: Senckenbergische Naturforschende Gesellschaft; Römisch-german. Kommission des „Deutschen archäologischen Instituts"; Physikalischer Verein.

Freiburg i. Br. Naturforschende Gesellschaft; Kirchengeschichtlicher Verein; Universitätsbibliothek.

Friedrichshafen. Verein für Geschichte des Bodensees.

Fukuoka. Universität.

Fulda. Verein für Naturkunde; Geschichtsverein.

Geneva. U. St. Agricultural Experiment Station.

Genf. Conservatoire et jardin botanique; Institut National; Journal de chimie physique; Musée d'art et d'histoire; Société de physique et d'histoire naturelle; Universitätsbibliothek.

Giessen. Oberhessische Gesellschaft für Natur- und Heilkunde; Oberhessischer Geschichtsverein.

Görlitz. Naturforschende Gesellschaft; Oberlausitz. Gesellschaft der Wissenschaften.

Göteborg. Högskola.

Göttingen. Gesellschaft der Wissenschaften.

Granville. Scientific Association of Denison University.

Graz. Universitätsbibliothek; Historischer Verein der Steiermark.

Grenoble. Université.

Grimma. Fürstenschule.

Groningen. Astronomisches Laboratorium; Verlag Wolters.

Haag. Allgem. Rijksarchief; K. Instituut voor de taal-, land- en volkenkunde van Nederlandsch-Indie.

Haarlem. Hollandsche Maatschappij der Wetenschappen.

Halifax. Nova Scotian Institute of Science.

Hall i. W. Historischer Verein für das württemberg. Franken.

Halle. Deutsche morgenländische Gesellschaft; Verlag Wilhelm Knapp; Naturwissenschaftlicher Verein für Sachsen und Thüringen; Thüringisch-sächsischer Verein für Erforschung der vaterländischen Altertümer; Universitätsbibliothek.

Hamburg. Bibliothek Warburg; Stadt- und Universitätsbibliothek; Mathematische Gesellschaft; Hauptstation für Erdbebenforschung; Deutsche Seewarte; Verein für hamburgische Geschichte; Verein für naturwiss. Unterhaltung.

Hanau. Geschichtsverein.

Hannover. Naturhistorische Gesellschaft; Technische Hochschule; Verein für Geschichte der Stadt Hannover.

Hartford. Geological and Natural History Survey.

Heidelberg. Akademie der Wissenschaften; Historisch-philologischer Verein.

Helsingfors. Finnische Akademie der Wissenschaften; Finnische Altertumsgesellschaft; Commission géologique; Forstwissenschaftliche Gesellschaft; Finnländische Gesellschaft der Wissenschaften; Finnische Literaturgesellschaft; Sälskapet för Finlands geografi; Societas pro fauna et flora fennica; Societas Zoologico-botanica Fennica; Universitätsbibliothek; Zentralanstalt für Meteorologie.

Hermannstadt. Siebenbürgischer Verein für Naturwissenschaften; Verein für siebenbürgische Landeskunde.

Hildburghausen. Verein für Sachsen-Meining. Geschichte.

Hobart Town. R. Society of Tasmania.
Indianapolis. Academy of Sciences.
Ingolstadt. Historischer Verein.
Jassy. Société des médecins et naturalistes; Societatea de stinti.
Jena. Verein für thüring. Geschichte.
Jerusalem. Universität.
Johannisburg. Union Observatory; Geological Society of South Africa.
Jowa City. University.
Kahla. Verein für Geschichte und Altertumskunde.
Kapstadt. R. Society of South Africa.
Karlsruhe. Badische Historische Kommission; Naturwissenschaftlicher Verein.
Kasan. Universitätsbibliothek.
Kassel. Verein für hess. Geschichte und Landeskunde.
Kaufbeuren. „Heimat".
Kesmark. Karpathen-Verein.
Kiel. Gesellschaft für schleswig-holsteinische Geschichte; Naturwissenschaftlicher Verein f. Schleswig-Holstein.
Kiew. Académie des sciences; Polytechn. Institut.
Klagenfurt. Landesmuseum.
Köln. Gesellschaft für rhein. Geschichtskunde.
Königsberg. Altertumsgesellschaft „Prussia"; Physikal.-ökonom. Gesellschaft; Gelehrte Gesellschaft.
Konstantinopel. Institute d'histoire turque.
Kopenhagen. Akademie der Wissenschaften; Carlsberg-Laboratorium; Astronomisches Observatorium; Dän. biolog. Station.
Krakau. Akademie; Poln. Mathematische Gesellschaft.
Kuraschiki (Japan). Ohara-Institut für Landwirtschaft.
Kyoto. University.
La Plata. Museo; Universidad Nacional.
Lausanne. Société Vaudoise des sciences naturelles.
Leeds. University.
Leiden. Maatschappij der nederl. letterkunde; Rijks Herbarium; Physikalisches Laboratorium; Niederländisches Kultusministerium.
Leipzig. Akademie der Wissenschaften.
Lemberg. Société Polonaise des Naturalistes; Sevčenko-Gesellschaft; Wissenschaftliche Gesellschaft; Verein für Volkskunde.
Leningrad. Akademie der Wissenschaften; Comité géologique; Geographische Gesellschaft; Mineralogische Gesellschaft; Physikalisch-chemische Gesellschaft.
Leoben. Montanistische Hochschule.
Lille. Société des sciences.
Linz. Museum.

Lissabon. Sociedade de geografia.

Liverpool. Marine Biological Station.

Löwen. Société scientifique de Bruxelles; Université.

London. University Library; Astronomical Association; The illuminating Engineer; South Kensington Museum; India Office; Meteorological Office; Royal Society; Royal Astronomical Society; Chemical Society; Geological Society; Linnean Society; Zoological Society.

Lund. Botaniska Notiser; Vetenskaps Societeten; Universität.

Luxemburg. Société des naturalistes; Institut Grand-ducal.

Luzern. Historischer Verein der fünf Orte.

Madison. Wisconsin Academy; Wisconsin Geolog. a. Nat. hist. Survey.

Madras. Kodaikanal and Madras Observatories.

Madrid. R. Academia de la historia de España; Sociedad española de fisica y quimica; Universität.

Mailand. R. Istituto Lombardo di scienze e lettere.

Manila. Bureau of Science.

Mannheim. Altertumsverein.

Marburg. Gesellschaft zur Beförderung der Naturwissenschaften.

Maredsous. Abbaye.

Marseille. Faculté des sciences.

Melbourne. R. Society of Victoria.

Mexiko. Secretaria de Relationes Exteriores; Sociedad cientifica „Ant. Alzate".

Middelburg. Seeländ. Gesellschaft der Wissenschaften.

Milwaukee. Public Museum.

Minneapolis. University Library.

Minsk. Université.

Montserrat. Abtei.

Moskau. Association Russe pour les Etudes Orientales; Mathemat. Gesellschaft; Universitätsbibliothek.

Mount Hamilton. Lick Observatory.

München. Landeswetterwarte; Landesstelle für Gewässerkunde.

Münster. Landesmuseum der Prov. Westfalen.

Nantes. Société des sciences naturelles.

Neapel. Società R. di Napoli; Stazione zoologica.

Neuburg. Historischer Verein.

Neuchâtel. Société Neuchateloise de geographie; Société des sciences naturelles; Bibliothèque de l'Université.

New Castle upon Tyne. University.

New Haven. Connecticut Academy of arts and sciences; Yale Observatory; American Oriental Society; Yale University Library.

New York. Academy of Sciences; Botanical Garden; Rockefeller Institute for medical research; American Museum of Natural

History; Geographical Society; Mathematical Society; Columbia University.

Nördlingen. Historischer Verein.

Nürnberg. Naturhistorische Gesellschaft; Höhere techn. Staatslehranstalt.

Odessa. Wissenschaftliche Forschungsinstitute.

Omsk. Medizinische Gesellschaft.

Orenburg. Société pour l'étude du pays Kirghise.

Oslo. Meteorologisches Institut; Norske geografiske Selskab; Videnskabs Selskabet; Universität.

Osnabrück. Verein für Geschichte und Landeskunde.

Ottawa. Departement of mines; R. Society of Canada.

Paderborn. Verein f. Geschichte u. Altertumskunde Westfalens.

Padua. Accademia Veneto-Trentina-Istriana; R. Scuola d'ingegneria.

Palermo. Circolo Matematico; Società Siciliana di scienze naturali; Società di scienze naturali.

Parenzo. Società Istriana di archeologia.

Paris. Académie des inscriptions et belles lettres; Comité internationale des poids et mesures; École polytechnique; Muséum d'histoire naturelle; Société de géographie; Société ornithologique; Société française de physique; Academie des sciences.

Peking. The Geological Survey.

Perm. Institut des recherches biologiques.

Perth. Geological Survey.

Philadelphia. Academy of natural sciences; Franklin Institute.

Pisa. R. Scuola d'Ingegneria; Società Toscana di scienze naturali; Università.

Pistoja. R. Dep. di storia patria.

Plauen. Altertumsverein.

Plymouth. Marine Biological Association.

Port Arthur. Ryojun College of Engineering.

Portici. R. Scuola superiore di agricoltura.

Posen. Historische Gesellschaft der Provinz Posen.

Potsdam. Geodätisches Institut; Astrophysikal. Observatorium.

Prag. Akademie der Wissenschaften; Comité d'organisation de l'Institut slave; Böhm. entomol. Gesellschaft; Deutsche Gesellschaft der Wissenschaften und Künste; Böhmische Gesellschaft der Wissenschaften; Botanisches Institut; Verein für Geschichte der Deutschen in Böhmen.

Riga. Herder-Institut; Universität.

Rio de Janeiro. Museu Nacional; Observatorio.

Rochester. Academy of Science.

Rolla. Bureau of geology and mines.

Rom. R. Accademia dei Lincei; Accademia Pontificiana dei Nuovi

Lincei; Biblioteca Apostolica Vaticana; R. Comitato geologico; Istituto G. Ferraris; Società Romana di storia patria; Specola Vaticana.

Rostock. Naturforschende Gesellschaft; Universität.

Rostov. Universitas Tanaitica.

Rovereto. R. Accademia degli Agiati.

Saarbrücken. Historischer Verein.

Saint Louis. Academy of Science; Missouri Botanical Garden.

Salzburg. Gesellschaft für Salzb. Landeskunde.

Sanct Gallen. Naturwissenschaftliche Gesellschaft; Historischer Verein.

San Fernando. Instituto y observatorio.

San Franzisco. California Academy of sciences.

Santander. Biblioteca de Menendez y Pelayo.

São Paulo. Museu Paulista.

Schleusingen. Henneberg. Geschichtsverein.

Schwerin. Verein für mecklenburg. Geschichte.

Sendai. Universitätsbibliothek; The Saito Gratitude Foundation.

Seoul. Service of Antiquities.

Siena. Accademia dei fisiocratici.

Simla. Indian Meteorological Department.

Skoplje. Société scientifique.

Sofia. Bulgarische Akademie der Wissenschaften; Institut archéologique.

Sousse. Société archéologique.

Speyer. Historischer Verein der Pfalz.

Stade. Geschichtsverein.

Stavanger. Museum.

Stettin. Gesellschaft für pommersche Geschichte.

Stockholm. K. Akademie der Wissenschaften; K. Landbruks-Akademie; K. Vitterhets Historie och Antikvitets Akademi; Generalstabens litografiska Anstalt; Statens meteorolog.-hydrografiske Anstalt; Bibliothek; Entomologiska Föreningen; Geologiska Föreningen; Schwedische Gesellschaft für Anthropologie; Ingeniörs Vetenskaps Akademien; Nordiska Museet; Reichsarchiv.

Stonyhurst. Observatory.

Straubing. Historischer Verein.

Stuttgart. Landesbibliothek; Württemberg. Staatsarchiv.

Sydney. Linnean Society of New South Wales; R. Society of New South Wales.

Tacubaya. Observatorio.

Taschkent. Université de l'Asie Centrale.

Thorn. Copernicus-Verein.

Tiflis. Jardin botanique; Observatorium.

Tokio. Imperial Academie; National Research Council; Deutsche

Gesellschaft für Natur- und Völkerkunde Ostasiens; Imper. Fisheries Institute; Institute of physical and chemical research; Universität.

Tomsk. Comité géologique.

Toronto. R. Astronomical Society; University.

Trient. Biblioteca communale.

Trinidad. Imperial College of tropical agriculture.

Tromsö. Museum.

Trontheim. Norske Videnskabens Selskab.

Tübingen. Universität.

Turin. R. Accademia delle scienze; Società Piemontese di archeologia.

Udine. R. Deputazione di Storia patria per il Friuli.

Ulm. Verein für Kunst und Altertum.

Upsala. Schwedische Literaturgesellschaft in Finnland; Meteorologisches Observatorium; Humanistiska Vetenskaps Samfundet; Universitätsbibliothek.

Urbana. Illinois State Laboratory; University.

Utrecht. Historisch Genootschap; Genootschap van Kunsten en wetenschapen; Meteorolog. Instituut.

Vaduz. Historischer Verein für das Fürstentum Lichtenstein.

Venedig. Ateneo Veneto; R. Istituto Veneto.

Warschau. Naturwiss. Museum; Société botanique de Pologne; Universität; Mathem. Seminar.

Washington. National Academy of Sciences; Bureau of American Ethnology; Department of agriculture; Smithsonian Institution; U. St. National Museum; U. St. Geological Survey.

Wellington. New Zealand Institute.

Wien. Akademie der Wissenschaften; Geologische Bundesanstalt; Gesellschaft der Ärzte; Zoologisch-botanische Gesellschaft; Mechitharisten-Kongregation; Naturhistorisches Museum; Verein zur Verbreitung naturwiss. Kenntnisse.

Wiesbaden. Verein für nassauische Altertumskunde.

Winnitza. Nationalbibliothek der Ukraine.

Woods Hole. Marine Biological Laboratory.

Worms. Altertumsverein.

Woronesch. Universität.

Zara. Società dalmata di storia patria.

Zaragoza. Academia de ciencias.

Zürich. Antiquarische Gesellschaft; Naturforschende Gesellschaft; Schweizerische Geodätische Kommission; Schweizerisches Landesmuseum; Sternwarte; Schweizerische meteorologische Zentralanstalt.

www.ingramcontent.com/pod-product-compliance
Lightning Source LLC
Chambersburg PA
CBHW031449180326
41458CB00002B/698